NEW SIMPLE STYLE II
OF TAIWAN 台 式 新 简 约 II

先锋空间 编

广州百翊文化 策划

华中科技大学出版社
http://www.hustp.com
中国·武汉

PREFACE 序言

台式风格所诠释的
人文独特性与精准设计传达

撰文：杨焕生、郭士豪 杨焕生建筑室内设计事务所 主持人

台湾，岛屿形态，熔炉了东西历史文化，在多种文化背景的碰撞之下，摩擦的火花点亮了视野的界线。随着时代、科技、网络的进步，人与人之间无国界地分享着对于人、事物、生活，一切眼所看、手所及的美，通过一个按键，几秒内，"分享"已经借由这些时代化的工具变成全球化的响应了。也因此，我们对于家的想象、家的定义，也随之"全球化"起来，风格已经不再被文字定义，经验也不只局限在生活范围内，全球化让我们的选择多而且广。在这样的前提下，设计是除了创意与创新，更需要敏锐度与精准度去掌控的一件事，在大量的信息中敏锐地接收所需要的，用精准的手法去准确地传达，设计所做的，是在落实想象。

"简约"，字面上容易让人与简单画上等号，但倒不如说，"简约"是去芜存菁的表现，是将材料的本质精准地传达出去，是一个不分东西方文化的代名词，就如同设计没有语言的界线一般，但却在每位设计师不同文化底蕴的孕育下，产生了属于自身背景拥有的语汇，从线条到比例的拿捏、从选材到配色的运用、从配饰到摆设的定位，每一个细节，设计师都是在做万中选一的动作，让设计如工艺般被量身打造地呈现出来。

而"台式简约"，想让人看见的就是一本观点由中国台湾出发，诠释不分国家和地区、语言的全球化设计，在这个过程中，我们融入了属于中国台湾孕育的东方眼光解读的简约设计；这些设计的迷人之处就在于人文的独特性，以人本主义创造出的独特性传达空间诠释的特殊性，就如同我们总在人对美的情感中，去将它化为真实，用最本质与质朴的叙事手法创造空间的温度，让人在定制化的礼遇下，去拥有家带来的归属感。

杨焕生、郭士豪

杨焕生建筑室内设计事务所
主持人

CONTENTS 目录

70 后身上已经没有了青春期的浮躁和轻狂，他们成熟、稳健又不失激情与活力，考虑问题比较周全，能够处理较为复杂的事情，心理应变能力、承受能力和自控能力越来越强。

CONTENTS 目录

60 后怀旧，不服输。他们历事万千，不刻意显露，经受了岁月捶打，现已开始磨炼岁月。
60 后入世做事，出世做人，知书达理，文明礼貌，拥有豁达的快乐，60 后看淡人生，已达"悠然见南山"的人生境界。

50 后已看透名利，宠辱不惊。50 后经历了岁月的打磨，经历了曲折和挫折，成就的却是自己丰富的阅历、涵养。
50 后已处于人生的晚秋，生活的脚步慢了，却可以细细品味人生，享受酸甜苦辣的回忆，他们更喜欢安静和轻松的环境。

IN THE 1980S

80后是充满活力的人群，
但他们一般已经没有了青年时期的
那种浮躁和轻狂，
更多的是成熟和稳健，
考虑问题比较周全，能够处理较为复杂的事情，
心理应变能力、承受能力和自控能力较强。
他们的社交圈和人际关系也很广，
结交的朋友也很稳重、真诚、可靠，
不像年轻人结交的朋友那样浮浅、"义气"和随便，
30多岁的男人
朋友多数属于生活中的知己，
事业上的伙伴，仕途上的良师。
他们的审美和品位在这一时期逐渐形成并渐趋成熟。

80后的人正处于成家立业的时期，也是一个人拼搏事业的阶段。他们开始对自己的生活品质有所关注，但对家庭居室更多的要求可能是安顿家人，在设计中需要满足父母与孩子的需求，如老人房和儿童房的设置。

同时为自己的兴趣爱好留出一定的空间，并且不同的职业也将影响他们的家居设计，如音乐人家里设置高级视听设备、乐器等，舞蹈演员家里设置舞蹈室等。此外，家居客厅通常比较大，没有太多繁杂的装饰，以更好地为孩子提供玩耍的场所，也为朋友偶尔的小聚提供宽敞的空间。

另外，这一年龄段的人，家居装饰以多种色彩、线条交替上演、简约且富有青春的韵律。他们不挑剔色彩亮丽的家具或饰品，亦不厌倦多样的地板花色和酷炫的顶棚，反而会因此感到惊喜。

CROSS 回域·穿廊
FIELD AND CORRIDOR

设计公司：近境制作 / 主设计师：唐忠汉

项目面积：180 平方米 / 摄影：MW PHOTO INC

职业背景：文艺、影视界人士 /

年龄段：80 后 /

兴趣爱好：电影、音乐 /

家庭结构：单身人士 /

房屋格局：3+1 房两厅三卫 /

住宅主题风格： 现代风 /

业主设计要求

量体贯穿空间，同时与各场域对话、兼容。

主要材料和工艺

石材、

壁布、玻璃、

镀钛、不锈钢、

钢刷木皮、

薄片瓷砖。

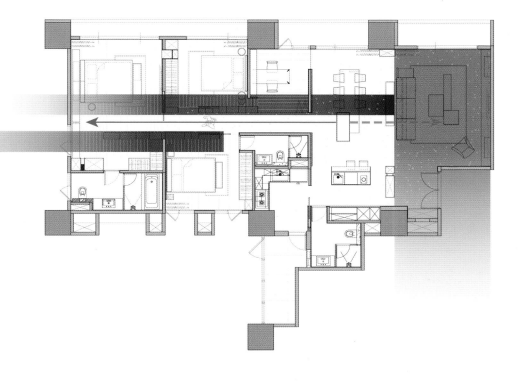

回域穿廊

量体贯穿空间，同时与各场域对话、兼容。

空间由一道长廊作为中心，贯穿四周。在设计规划初期，刻意将其开放，让空气及光线得以流通沉稳，于律动交融的变化中，创造出区域的流动性。室内色调刻意降低彩度，不经雕琢，留下材质最原始的力度。

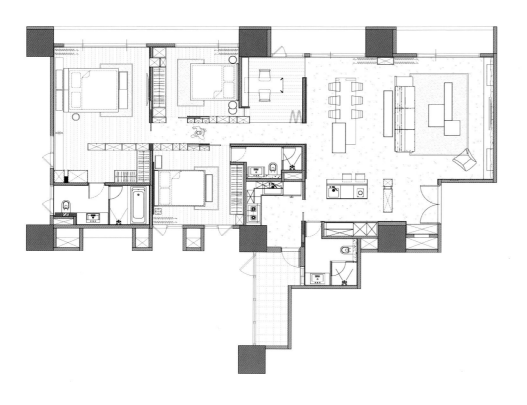

贯穿

两道双面量体砌起廊道区域取代隔断，贯穿各空间。

并以餐桌为中岛，作为量体的分界点，量体本身透过分割及开口，强化虚实律动。当房门收起，量体伫立于走道两侧，廊道的建筑语汇，延展至各区域中。企图界定空间，却又模糊边界。

筑砚

板状、岛状的几何量体，彼此交错、悬浮，划分出用餐区及调理区。

并以钢性的结构，切割进餐厅的主墙，转折延续至廊道，过渡至柔性的私领域。

选用低彩度、沉稳的材质，以砚色，低调呼应窗外景色。

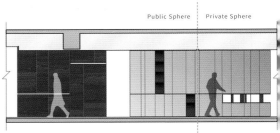

Public Sphere | Private Sphere

Texture

肌理

廊道柜的量体延伸至主卧，区隔更衣室及睡眠空间。床头层板刻意做低并退离墙面，赋予空间视觉层次感。

以自然经纬交织的材料作为空间主轴。企图在理性的线条结构之下，融入自然肌理。

TEXTURED
SPACE 质感空间

业主职业：自由职业者 /

年龄：80 后 /

兴趣爱好：电影、音乐 /

家庭结构：夫妻 /

房屋格局：三房两厅 /

居住理念：简约、时尚个性 /

住宅主题风格：现代风 /

项目名称：立彩璞御高宅 / 地址：中国台湾省台中市

设计公司：敞居空间设计 / 主设计师：林柏伸（Boshen Lin）

项目面积：151.1 平方米 / 摄影师：吴启民

业主设计要求

温暖、简洁、舒适的空间氛围与应用不同的材质。

主要材料和工艺

金属、

实木、

水泥。

装修预算
782 000
元

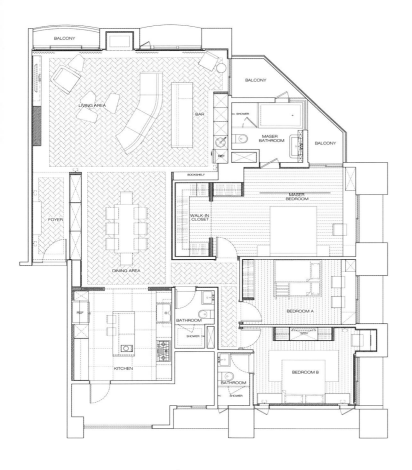

设计创意

"旅"

所有故事，在最初那一刻，等待着，
此刻，主人带着旅行的足迹缓缓地走了进
来……
走进空间中，散落着拥有不同情绪的物件，
独特，却和谐，
都是旅途中留下的回忆。
在白墙与实木构筑出的画面里，
纤细和质朴参半，衬托出家具对象的质感，
使空间感跳脱出框架。
电视墙面的镀钛金属延伸至水泥吧台，自
然形成一中介空间，中和了空间调性，也
使吧台与沙发区产生更多的互动。

水泥吧台则展现出了业主独特的美学品
位。大胆地保留水泥最原始的毛细孔，没
有太多修饰，让水泥的肌理随着时间慢慢
产生变化。

此案中，使用了水泥及实木原木作为空间基调，这些都是会随时间产生变化的对象。我们希望赋予空间最单纯的美感，而空间则会因为时间与使用者间的互动，逐渐产生属于自己的特色，变成不可取代的风景。

空间的温度，并非一开始就被赋予，而是由时间与生活经验慢慢累积形成，属于自己，独一无二。

GENERAL · SCENE

纵观 · 场景

设计公司：近境制作 / 主设计师：唐忠汉

项目面积：548 平方米 / 摄影：游宏祥摄影工作室

业主职业：金融业金领 /

年龄：80 后 /

兴趣爱好：运动、竞技、休闲娱乐 /

家庭结构：父母与儿女 /

房屋格局：三房两厅 /

居住理念：简约、时尚个性 /

住宅主题风格：简约、现代风 /

业主设计要求

动线设计流畅，方便各家庭成员的活动。

主要材料和工艺

石材、铁件、

玻璃、

镀钛、不锈钢、

钢刷木皮、

盘多磨。

场景 / 梦想启动

空间的氛围来自于生活的需求

梦想着一辆象征品位的古董车

拥有宴会需求的大长桌

呼朋引伴、品酒长聊

虚化的层架

陈列着收藏，也包含着记忆

对于音乐的热情及影片赏析的爱好

看似各自独立的区域

却又连贯而紧密相关

梦想从此刻启动

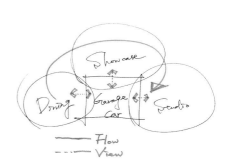

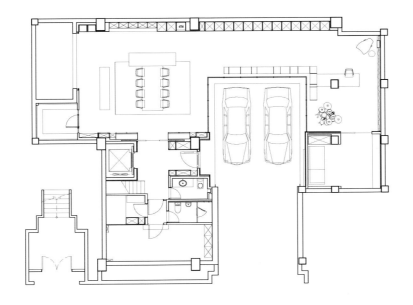

场景 / 贴近自然

纵目远观，一目全然

以空间为框，取环境为景

形成一种与存在共构

与自然共生的和谐状态

这是我们所能理解的生活形态

是一种基于环境及基地条件

运用建筑手法与自然环境产生关系的一种生活空间

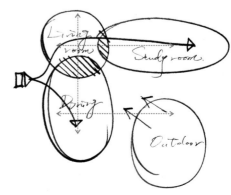

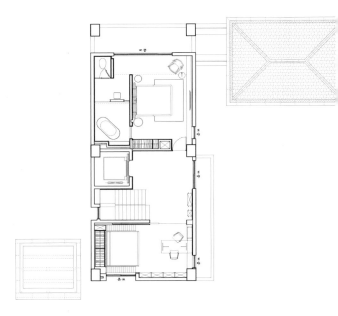

二层平面布置图

场景 / 休憩停留

自然环境的色彩来自于光线
空间场域的色彩来自于素材
运用材料本身的肌理及原色
赋予造型新的生命

透光光线与环境融合
刻意散落的浴室布局
营造一种随意、轻松的氛围
借此洗涤心灵
得到沉静

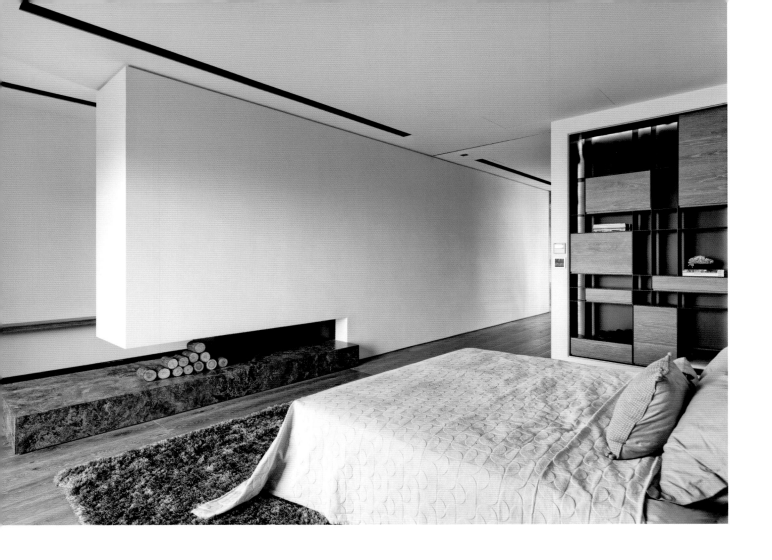

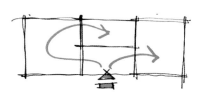

Master Bedroom Walk-in closet Master Bathroom

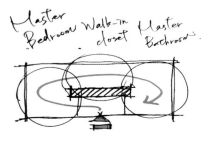

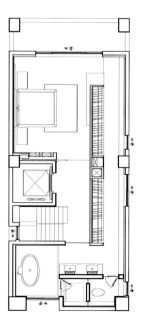

场景／场域延伸

运用实墙或量体交错的手法

由主卧室进入主浴室的过程

因着量体的置入

除了赋予实际的功能

也巧妙地区隔了空间的形态

廊道空间亦为更衣空间

借由不同空间分配的可能性

界定了场域

也活络了人于空间中的动线

三层平面布置图

四层平面布置图

MODERN SPACE OF MEMORIES

充满记忆的现代空间

业主职业：设计师、建筑师 /

年龄：80后 /

兴趣爱好：书画、品茶、休闲娱乐 /

家庭结构：三代同堂 /

房屋格局：三房两厅 /

居住理念：工业禅风 /

住宅主题风格：人文豪邸、文学气息、大器稳重 /

项目名称：Urban Palace 当代上林 / 地址：中国台湾省台北市

设计公司：Snuper Design 大雄设计 / 设计总监：林政纬

项目面积：214.5 平方米 / 摄影师：李国民

业主设计要求

满足三代人的不同功能需求，体现人文质感，建筑尺度要通透大气。

主要材料和工艺

灰洞石、米黄石、

卡拉拉大理石、

浮影系列瓷砖、红铜金属砖、

铁木锯痕、梧桐木染色、

玻璃、铁件。

设计理念

秦汉时期的上林宫苑，既有优美的自然景物，又有华美的宫室组群分布其中，为包罗多种多样生活内容的园林总体，是秦汉时期建筑宫苑的典型。

本案就以"上林苑"建筑案为主题延伸，名为"Urban Palace｜当代上林"是我们认为最靠近当代设计、反映世代生活的作品，融合了建筑与空间设计、工业感平面开放概念，让中西思维冲突并立，反映当代在世代与世代之间，生活思想上的矛盾违和。

设计说明

从空间结构上可以看见，我们刻意减去顶棚的高度，将空间气度整体拉高，因此柜体、墙柱都跟着上升，远比一般住家尺度来得高耸许多，让黑色灯轨划过白色楼板，利落充满前卫；材质方面大胆运用了温润木质、石材，让瓷砖穿插布满墙面、地面，整个开放式客、餐厅轴线延伸至内厨房，也放入大面冰冷的灰玻。种种冲突的材料建构了这个

空间，既矛盾又违和，正如这个社会结构之下，长辈与年轻一辈之间的呢喃，娓娓道来。

穿透，是大空间、多用住宅格局必备的方案。
我们让次主卧以一面透明书墙来区隔公共空间，锈红卫浴也大胆放上玻璃，转入卧房，让窗面的自然天光回绕于三者之间，并以似墙又似门的门片与卷帘来调整隐秘程度。忽近忽远的距离，对于两世代人的共同生活着实有必要性，也是我们每天都在练习相处、平衡、中庸之道的另一种表现。

充满记忆的现代宅邸：这个家承接着过去许多记忆，例如祖母留下的古老椅件，穿插在现代的餐椅之中，再配意大利品牌的"一"字形沙发，陈设软装混搭新与旧，象征传承、衍生；而壁柜上也放置了长辈年轻时候旅行的收藏品、画作等，走入这个房子，也等同于浏览了业主的人生阅历。

TWEEDLE IN MOUNTAINS 山涧琴音

项目名称：龙城花园 / 地址：中国香港 / 设计公司：林文学室内设计有限公司 / 主设计师：林文学

项目面积：93.5 平方米

业主职业：高级白领 /

年龄：80 后 /

兴趣爱好：电影、音乐 /

家庭结构：父母与儿女 /

房屋格局：三房两厅 /

居住理念：简约、时尚个性、自然生态 /

住宅主题风格：简约、现代、时尚 /

业主设计要求

要求能满足小孩游戏空间，方便女主人弹钢琴，要温馨。

主要材料和工艺

瓷砖、

黑玻璃、

钢琴漆、

仿皮及地毯。

装修预算
680 000
元

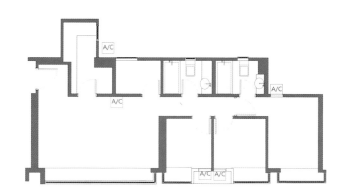

设计说明

整个设计以简约时尚为设计风格。色调以黑、白、灰为主，纯净、整洁、空灵。富有质感的黑色家电及皮质家具更是凸显业主的品位和气质。不同空间再辅以不同主旨色，或清新自然，或活泼灵动，整个空间简约时尚、自然而富有活力、温馨且充满快乐。

色彩设计

在色彩上，空间中黑、白、灰错落有致，形成一幅幅水墨山水画。在黑、白、灰错落有致的节奏中，客厅中一套鲜亮的嫩绿色沙发及窗台软垫将室内风景自然引向室内，与室外风光浑然一体，通透而自然。黑色高端大气，白色清纯整洁，绿色生机盎然，犹如一片纯净如雪的世界中突现一块绿洲，充满生机，配以暖黄色灯光，自然而清新。儿童房却又似另一个世界，颜色艳丽而跳跃活泼，充满着生命的气息，宛如冰天雪地里，三两成群的小孩嬉戏玩乐，生机盎然。而空间里的各式配饰则是画龙点睛了。无论是精致、富有质感的钻石形吊灯还是充满创意的挂钟都显示着时尚简约的美感。零星点缀着的挂画及相片，则更显家的温馨、舒适。

空间设计

在空间设计上，巧妙合并空间，储物收纳需要灵活设置空间的层次感，这样原本中规中矩、略显狭窄的空间立刻变得空旷自然、通透舒适起来。通过去除原有隔断，形成开放式厨房，客、餐厅空间融为一体，既增加了空间感，同时也方便了家人的沟通。

主人房衣帽柜与卫生间的巧妙
融合则为主人房提供了更多实
用空间，功能齐备却又不用额
外提高成本。儿童房及主人房
地台的设计，不仅增加了储物
收纳的空间，还增加了空间层
次的韵律感。整个空间的设计
合理、自然且高效。

设计师将两间儿童房合并，
把有限的空间扩大，从而增
加小朋友的活动面积，更为
小朋友提供从生活、学习到
玩耍都在一起的亲密机会，
增加了家人间的幸福感。

AMERICAN STYLE SIMPLICITY 简约美式

业主职业：运动员 /

年龄：80 后 /

兴趣爱好：电影、音乐、运动、竞技 /

家庭结构：个人与父母 /

房屋格局：四房两厅 + 健身房 /

居住理念：简约、时尚个性 /

住宅主题风格：简约美式 + 自然个性 /

项目名称：Luxury barn living/ 地址：中国台湾省桃园市 / 项目面积：667 平方米（3 层）

设计公司：隐巷设计顾问有限公司 / 建筑设计：黄士华、袁筱媛 / 空间设计：黄士华、孟羿彣、袁筱媛

软饰设计：孟羿彣、逄炳伟 / 参与设计：王智亮、苏培萱 / 摄影师：岑修贤

业主设计要求

因本身职业关系，希望有个独立的健身房。

主要材料和工艺

意大利石纹板、白色烤漆、

透光岩石板、

镀钛不锈钢、

绷布硬包、梧桐木、

马来漆、岩石片、青砖等。

装修预算
4 000 000
元

设计说明

建筑承袭北美风格，不过分强调住宅的豪华感或是复杂的造型，以融入景观并呈现质感的生活风格打造。以 80 毫米凿面石头搭配荔枝面石头呈现出建筑的宏伟感受，以台湾特产的黑橡木树为景观的重心，绵密舒适的景观围绕着建筑，美式简约的窗框线角与屋檐，柔和了粗犷的性格。整体建筑内部各个空间设置了通风管道，以两面斜屋顶作为换气转换层，利用废气（热空间）上升的烟囱效应，搭配新风系统让建筑能自我调节室内温度，自我呼吸着。位于东南角的迭水池，盛着自然涌入的山泉水，源源不绝的泉水形成小型的自然生态系统，河鱼、水草形成自然循环。

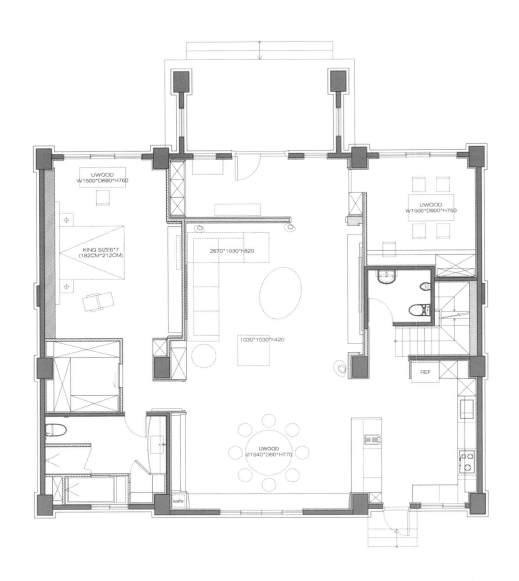

一层空间延续了建筑的风格，简约美式的生活居家感。偌大的玄关墙保护了住户的隐私空间；以艺术品欢迎朋友的到访；开放式的客、餐厅中间摆设茶桌，以生活机能为主轴扩散设计思路。餐桌与中岛是家人经常聚会的地方；主卧室强调宁静安逸；主浴室空间置入SPA功能，较大的空间让生活更舒适。楼梯为转换生活模式过渡的空间。

主卧室承接着客厅的想法，这里是睡眠的区域，没有过多的造型与光线干扰，足够分量的床头染色牛皮软包造型，稳定了睡眠质量。两侧的原木使空间充满人性的温润感，羊皮革漆的顶棚与水泥状的马来漆在粗犷中增添细节。更衣间由真皮与镀钛不锈钢打造，刻意抬高地面以避免湿气。主卧浴室是另一个生活重心空间，偌大的空间包含了双人淋浴间兼具蒸气室、双人浴缸与双人脸盆，粗犷中的细节是空间中的主轴，钻石切面浴缸考虑了温度保存与快速排水机制，洗手台使用5毫米拉丝不锈钢与墙面混凝土砖搭配。书房兼具练鼓房功能，融入摇滚概念，金属搭配真皮与深色系的空间，并考虑了隔音、吸音、降噪的功能。

客房为色彩强烈的美式简约风格，深紫色对比白色，床头与床尾的染色真皮软包增加了空间中浪漫感，白色梦幻的独立更衣间与设计感强烈的浴室，打造出了生活感。

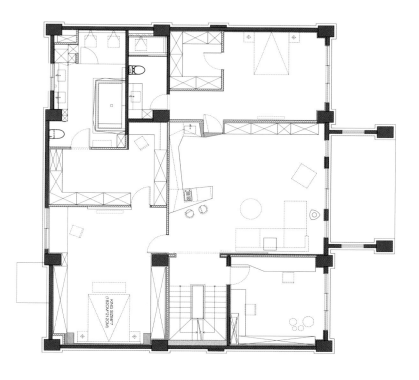

自然、原始生活的概念不仅仅是"粗犷"能概括而论的，应该是在其中寻找细节的平衡，进入客厅前映入眼帘的是一扇谷仓拉门，与外侧包覆的几何造型形成强烈的冲击对比，从此进入了 BARN LIVING。设计沿着生活状态进行，谷仓门、青砖与处理过的梧桐木形成强烈的风格，吧台区延续着几何造型做法，原木色与旧木头的对比，形成很舒适的生活感，吧台功能兼具朋友聚会与家庭使用功能，客厅为 LOUNGE 概念，没有明确的电视墙或是家具摆设方式，随性也随意的感受。丹麦设计生产的独立壁炉，承载着屋主在温哥华生活的记忆。深色岩石墙面呼应旧青砖的肌理与质感，我们借由青砖刻意不填缝的做法与梧桐木的处理，让空间没有新装修的感觉，将时间的痕迹停留，分不清新与旧。PANODOMO 地面的羽毛纹理与光泽，使水泥产生了层次与感觉。

LIFE STORY
生活故事

业主职业：电子商务 /

年龄：80 后 /

兴趣爱好：电影、音乐、运动、旅游 /

家庭结构：夫妇 /

居住理念：简约、时尚、自然生态 /

住宅主题风格：现代自然 /

项目名称：上河图丁邸 / 地址：中国台湾省台北市 / 项目面积：120 平方米

设计公司：隐巷设计顾问有限公司 / 主设计师：黄士华（MAC HUANG）、袁筱媛（EVA YUAN）、孟羿彣（CARRIE MENG）

参与设计：苏培萱 (DORIS SU)/ 摄影师：王基守

业主设计要求
工作和居住能功协调实用，动线流畅，空间开阔。

主要材料和工艺

钢刷橡木实木皮、梧桐木皮

光面秋海棠大理石、

烧面印度黑大理石、亚克力烤漆、

黑铁烤漆金属件、烤漆玻璃、强化玻璃、

喷砂玻璃、黑镜、绣蚀铁板、超耐磨地板。

装修预算
700 000
元

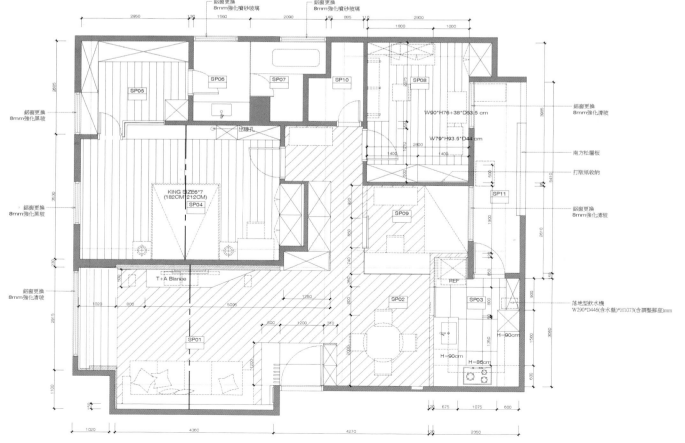

项目概况

屋主为两口之家，热爱自然与运动，开阔的生活环境。这个家格局方正，窗户面朝马路，高居20楼之上，视野开阔，生活讲究在家里与朋友叙旧与舒适的生活时光。在平面配置上，将客厅空间规划成容纳20人活动的聚会空间，借由长达3米的沙发与大型脚凳及窗边开放的休闲运动区域，让不足10平方米的空间竟足可容纳十几人活动。

设计说明

设计师借由大片重色的石材墙面与烤漆墙面的错落分割，勾勒出开放空间的序列连续性，稳重厚实的空间感。

综观整个公共区域为全开放式形态，在宽阔明亮的腹地里，仅利用家具宣示场域范畴。设计师利用客厅、餐厅与书房穿透式落地隔间串联出开敞的视野感，大量使用活动家具，提供家人舒适的互动空间。同时，宽大的餐厅设计，让女主人在最喜爱的午茶时光能随时与客人互动；大餐桌的设计亦能满足全家一起用餐、共读的需求。

全案运用大片白色烤漆墙面区隔厅区与卧房区的暗门，也是暗示中后段空间为居家私密领域，能避免宴会宾客打扰业主作息。

当所有卧房门片打开后，中后段场地能串联成开阔的活动场地，不仅解除了廊道的封闭感，也维系了宽敞的空间感受。

此外，设计师在本案预留了宽阔动线，利用畸零面积作为收纳柜，全案的柜体与门框、开口都十分重视水平与垂直线条的齐整，不仅构筑了简洁的视觉观感，亦免除掉了动线的碰撞干扰，而空间里大量开放柜体留白，让居住者能陆续添加收藏对象，随兴地更换摆设，呈现家庭各阶段的生活故事。

设计师将"结构即装饰"的思维植入本案，硬件设备均着重造型简洁且含纳生活机能，讲究工法与选材，构筑出清新而不失细致的质感。在素简的空间里，利用顶棚既有梁位局部铺陈间接光源，并佐温润实木质感贴皮，勾勒出淡淡的几何线条。

女主人是皮革设计师，工作房主墙以旧工厂风格来打造，佐以大面积复古红砖装饰墙，并且在选用材料上大为着墨，大片的绣蚀铁板墙面及回收之厚风化实木，围塑、统合出整体氛围，带出多样表情。光线在本案也成为酿造氛围的推手，全案以重点照明佐配吊灯、壁灯，点明动线走向或视觉焦点，尤其重视材质质感灯光刷洗，为这座风格洗练的都市居家倾注了自然、温暖的人文况味。

好设计是用心思考的结晶，设计能改变家庭成员的生活与沟通方式，揭示屋主心底真正的想望。

因此，好作品有其灵魂，它能让人理解居住者对生活的态度，表达出一个家的精神核心。

这个家，在舒适宜人、简单清爽的调性里，含容了复杂的设计思考，让屋主在步调紧凑的工作后，回到家就能完全放松心情，与家人共享惬意时光，在日常里累积幸福能量。

全案在切合起居需求的规划下，轻巧表达屋主的美学品位，阐述出一种简单、幸福且心灵饱满的人生主张。

生于 70 年代的人，
进入了不惑之年，
都事业有成，
同时也处于人生中压力最大的阶段，
他们成为社会的中坚力量，
同时担负着赡养父母和抚养子女的重任。

他们相比于年轻人有了很大变化。
他们表面最需要的是事业上的成功和社会的认可，
因为这首先会带给自己骄傲和自信，满足内心的需要。
他们大多交际手段更加圆润，
性格变得沉稳、自信和从容，学会了包容，
承认一切都有定数，能释然地对待许多事情，
对待任何事情都更加现实了，
同时也更加感受到家庭、家人的重要性。

40 来岁的人习惯于平淡而有规律的生活方式，稳定的家庭、固定的好友，当然，偶尔也需要一点新鲜事物刺激一下。所以在家居装饰中，宽阔的视野和较为跳跃的颜色，能带给这类人希望和激情，天蓝、淡绿、粉红就对这个年龄段的人有着很好的心理启示。

在色彩搭配方面需要注意的是天蓝、淡绿这些色彩虽然很亮，但不太适合于大面积地使用，所以最好以白色为主打背景色，墙、地以白色或木原色为主，而在家具、布艺等方面大量选用这些亮丽的色彩，色彩的跳跃性能让人感到心情愉悦。如果室内空间不大，墙壁和顶棚最好采用同一种色彩，这样会带来空旷、开阔的视觉感受。

同时，这一年龄段的人对家居整体环境及家具的材质、外形、细节都有很高要求，家居设计时应格调与实用并重。

WARMTH OF HOME 家的温度

业主职业：设计师、建筑师 /

年龄：70后 /

兴趣爱好：电影、音乐、旅游 /

家庭结构：夫妇 /

房屋格局：三房两厅 /

居住理念：简约、时尚个性 /

项目名称：台北李宅 / 地址：中国台湾省台北市

设计公司：诺禾空间设计有限公司 / 主设计师：萧凯仁 (Kyle Xiao)

项目面积：290.5平方米 / 摄影师：小雄梁彦

业主设计要求

注重颜色调性和格局规划。

主要材料和工艺

石材、

钢刷、

木皮、

铁件。

装修预算
684 000
元

设计理念

在建筑行业打拼多年并取得一定成就的户主，对设计风格有着独到的理解，传统的米色系列古典色调和烦琐堆砌的程式化吊顶，以及大面积的壁纸和石材铺设已不再是资深业内人士的偏爱。设计师将古典浪漫主义与现代的理性主义相结合，以俊朗而单纯的色彩性格，自由、灵活并富含现代秩序的表现特征，让人在进入居室后一下子就被吸引。

家的温度

就是这样——

静静地、

轻轻地包覆着整个空间。

灵活的空间变化，

可以切割动与静的空间。

不强烈的固定造型让空间柔和。

家具、饰品的选择丰富，并刻意跳色。

简单利落的线条、轻柔的光影、

缓缓地蔓延在整个室内空间中。

墙面造型让家具、家饰更为凸显。

黄、绿、紫、蓝大胆的软件选色，

让整体气氛更为活泼丰富。

SUKIYA HOUSE IMPRESSION

数寄屋印象

业主职业：金融业金领 /

年龄：70 后 /

兴趣爱好：电影、音乐、休闲娱乐 /

家庭结构：父母与儿女 /

房屋格局：三房两厅 /

居住理念：简约、时尚个性 /

住宅主题风格：Loft 风格 /

项目名称：内湖张宅 / 地址：中国台湾省台北市

设计公司：诺禾空间设计有限公司 / 主设计师：翁梓富 (Jeff Weng)

项目面积：115 平方米 / 摄影师：李国民

业主设计要求

希望室内尽量开阔明亮，同时注重保护隐私。

主要材料和工艺

铁件、

超耐磨地板等。

装修预算
518 000
元

设计说明

数寄屋造（すきやづくり）是日本的建筑样式之一。

将数寄屋的构造作为此案的主要设计理念，运用拉门来代替隔断，使得每个空间均能各自独立，也能完全开放，与其他空间融合。拉门本身除了提供空间与动线的弹性，也具有类似障子门控制光线的功能。

BEAUTIFUL
LANDSCAPE
POETIC SPACE

山水之境 诗意空间

项目名称: 自在居 / 地址: 中国台湾省新竹市

设计公司: 十艺联合室内设计 / 主设计师: 许戎智

项目面积: 181 平方米 / 摄影师: 钟崴至

业主职业: IT 精英 /

年龄: 70 后 /

兴趣爱好: 电影、音乐 /

家庭结构: 父母与儿女 /

房屋格局: 四房两厅 /

居住理念: 自然生态 /

住宅主题风格: 境美与静心氛围 /

业主设计要求

呼应他谦逊的气质，以山水之相为核心主轴；注重阅读与影音环境的设计，
营造出轻松、惬意的居家氛围。

主要材料和工艺

棕啡网大理石、木化石、

瓷砖、线板、

茶镜、木皮、

绷布、壁纸、

烤漆、烤漆玻璃。

装修预算
1 173 000
元

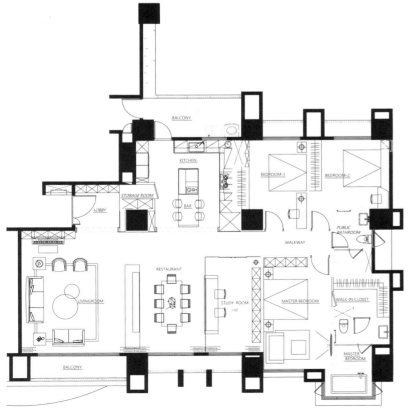

山水之相

为呼应环境肌理，巧妙地糅合了山水之相，仿山起伏顶棚棱线呼应远处水岸；墙面沐石与柜体的切割比例，隐喻着山水意境，传递着诗意空间。

适度留白

基地拥有三面采光的特色，簇拥着自然光与水岸环境。所以适度留白是对自然环境的谦卑、对建筑的尊重。"白"包容了、退缩了许多复杂喧嚣的表情，让我们更清楚地看见空间的本质。

未经修饰

未经修饰的剖木与沐石墙体，如实记录着每一个构筑家的缘起。亦如生命中的每个当下去堆栈出未来的样貌。

因为简单，所以丰富；因为放下，所以自在。

SPREADING WOODY FRAGRANCE 木香苒苒

业主职业: 企业管理人 /

年龄: 70 后 /

兴趣爱好: 电影、音乐、书画、品茶 /

家庭结构: 夫妇 /

房屋格局: 三房两厅 /

居住理念: 简约、时尚个性 /

住宅主题风格: 现代自然 /

项目名称: 中安街 / 地址: 中国台湾省台北市 / 建筑面积: 200 平方米 (2 层)

设计公司: 隐巷设计顾问有限公司 / 主设计师: 黄士华 (MAC HUANG)、孟羿彣 (CARRIE MENG)、袁筱媛 (EVA YUAN)

参与设计: 王智亮、苏培萱 / 软饰设计: 孟羿彣 (CARRIE MENG)、逄炳伟 (DAVY) / 摄影师: SAM 岑修贤

业主设计要求

动线顺畅,设计简约。

主要材料和工艺

柚木实木地板、

KD 科定实木皮板、

柚木板染色胡桃实木板、

超白洞石、灰色大理石、

岩石砖、黑铁烤漆板。

装修预算
1 600 000
元

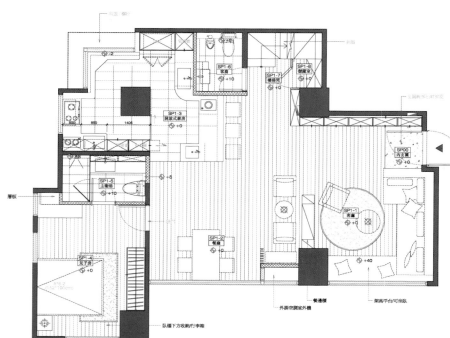

项目概况

该项目为 20 多年房龄的住宅大厦，三面采光，原有格局为上下两层，共两房两厅。原有空间动线复杂，各空间区域较狭小，外墙漏水严重，缺乏舒适的生活气息。经过我们内部讨论后，决定从基础功能着手，解决漏水与动线问题，并重新整理窗户的分割，将视觉由内向外延伸，设计主题由外向内填充。

我们整理出三房两厅两卫浴的空间，透过互相叠加的空间形成简单的动线。空间心理学主要的目的就是要降低潜意识中对空间产生的压迫感与复杂感。

远处公园树林间隐约环绕着白色的雾气
三三两两晨练的人与
早餐摊位袅袅上升的水汽
拨开云雾的阳光缓缓入帘
一日的生活从清晨开始

捧着手中咖啡杯
啜饮着暖心的黑咖啡
世界是如此动态
生活是如此轻逸

都市中的生活总是围绕着便利与效率
密集的群体住宅
成为回家路上唯一的风景
这都是现代生活的一部分

融合的客厅、餐厅、厨房，不再有明确的界线，没有显眼的电视墙，或是某种形式的沙发背景墙。进入客厅后映入眼帘的是公园与 101 大楼，由公园的休闲延伸的生活态度。

我们将它填充在生活的世界中——木香苒苒。

空间中以温润的木头为空间基调，玄关以灰色石材定义了空间属性；嵌入墙面的实木，成为角落中的艺术品；半高的电视柜，真正的背景是后方的胡桃实木墙体，50毫米宽的实木，理性地梳理着空间的关系。

餐厅与厨房的关系若隐若现，如同顶棚的隔栅与顶棚内的木头隐约地呈现一样，用餐不再是一种形式，而是一种生活方式与态度的呈现。吧台与厨房象征着主人的热情好客，直接面对着入户大门，以一种欢迎的姿态欢迎各路朋友，每个一进门的人都能感觉到空间的温润与包覆感。

转往楼上，从楼梯间的收藏柜与展示柜，以及从起居室延伸出来的墙面，清楚地定义出二楼的私人空间。面对窗户、长长的工作台，是个人的生活空间，柚木桌同时是泡茶与阅读的"伴侣"。墙面上留缝超白洞石，融合了木头的柔软与温暖。架高榻榻米房是家中唯一有露台的空间，并同时兼容着蓝天白云的景观。

苒苒是一种对舒适的释放。空气中木头的味道与木头特有的温润感，随着生活轨迹飘然于空间之中，生活质量的提升已经不能单纯以设计的手法、造型来衡量，应该是更注重生活的细节与设计的结合。空气中的味道、湿度、声音、光线与动线，每个感受都是家中的点点滴滴。

COMBINATION OF CLASSIC AND MODERN

古典对话现代

业主职业：金融业金领、企业家 /

年龄：70后 /

兴趣爱好：电影、音乐 /

家庭结构：父母与儿女 /

房屋格局：两房一起居间，一客厅 /

居住理念：现代古典，人文尊贵 /

住宅主题风格：豪宅、现代古典 /

项目名称：AuroraLiving 秘境馥阁

设计公司：Snuper Design 大雄设计 / 设计总监：林政纬

项目面积：214.5平方米 / 摄影师：李国民

业主设计要求

公、私领域分开，格局开阔大气，风格上现代简约与古典美学相结合，要营造出五星级酒店式的居家体验。

主要材料和工艺

莱姆石、木化石、

玻璃、灰玻、

铁件、

木皮、

木地板。

设计理念

以现代设计的理念重新诠释古典精神。

空间以对称式的格局配置，使用简化线板语汇和利用材料最原始之精神来点缀空间，让古典与现代重新对话。

设计说明

轴线

以玄关区为室内中心初始，对称式轴线生活动线规划，将开放式客、餐厅与书房归纳于轴线同一方，将私密空间纳为轴线另一方，兼顾了公领域与私领域的隐秘与便利性，同时保有大宅的气势与氛围。

古典语汇

运用对称形式顶棚设计及家具陈设界定空间；以温润大地色系及材质配置为整体空间设计之基础，将简化的线板和局部点缀性质的古典元素融入天、地、壁之间，营造出精品人文、舒压疗愈的居室体验。

阅读 生活印象

以半穿透夹砂玻璃拉门及架高木地板界定书房的场域，打开了生活与分享的心境，亦保有隐秘而光线充足的阅读环境。

几何光源与石材
以几何光源为动线引导，
减缓了玄关廊道与转角
展示柜的锐利冲突感，
转化为轴线延伸、空间
延展的视觉效果，重整
了回家的心情，带来引
人深入秘境的感受。

光与景
洗浴空间的半穿透拉门借来
卧房的窗景、引入充足光源。
在隐秘的洗浴过程中感受光
与景的拥抱，打造出酒店式
的生活体验。

PROSPECT OF LANDSCAPE 山水意境

职业背景：企业家 /

年龄：70后 /

兴趣爱好：电影、音乐、旅游 /

家庭结构：丁克家庭 /

房屋格局：三房两厅 /

居住理念：自然生态 /

住宅主题风格：自然与人文 /

项目名称：访岚居 / 地址：中国台湾省新竹市

设计公司：十艺联合室内设计 / 主设计师：许戎智

项目面积：330.58 平方米 / 摄影师：钟崴至

业主设计要求

开放空间，去除零碎的分隔，使外景与空间连贯地结合起来。

主要材料和工艺

大理石、

壁纸、绷布、

烤漆、黑镜、

烤漆玻璃、

石皮、木皮。

装修预算
1 134 000
元

居心转

屋主为二次换屋，有鉴于前次显学设计手法，这次希望给他有别以往（离嚣不离尘）的概念，透过此次设计转换心境。

共景

基地拥有三面采光的特色，簇拥着自然光与水岸环境。以环境景色作类景设计，对空间与外环境作回馈与对话。

雨后山岚

为呼应环境纹理，设计巧妙地糅合了类山岚意向，雨后的山，特别有层次，也特别迷人。仿山起伏顶棚棱线呼应远处水岸，墙面垂直水墙，隐喻着雨后山水意境，传递着居室感性的一面。

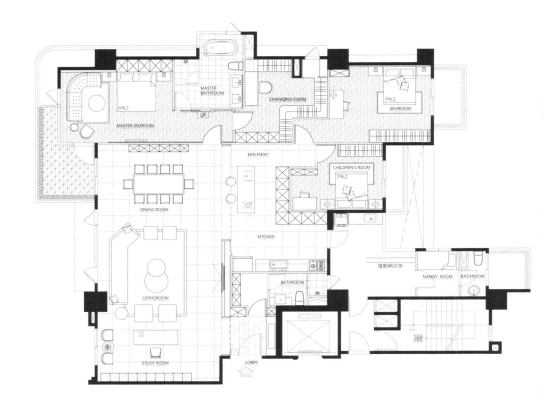

见晴
雨后见晴，晴耕雨读，
这是给业主的一份衷心
的祝福。

LIGHT 引光·游艺
AND GAME

业主职业：IT 精英 /

年龄：70 后 /

兴趣爱好：休闲娱乐 /

家庭结构：父母与儿女 /

房屋格局：三房两厅两卫 /

居住理念：简约、时尚个性 /

项目名称：上海斜土路 / 地址：中国上海市徐汇区

设计公司：王俊宏设计 / 主设计师：王俊宏，林俪

项目面积：116 平方米 / 摄影师：KPS 游宏祥

业主设计要求改善

原装修有屋高不足、采光不佳、缺乏收纳规划和风格不够时尚与简约等缺陷。

主要材料和工艺

大理石、

超耐磨木地板、

白橡钢刷木皮、

硅藻泥。

引光·游艺

将高墙两端卸除，让幽暗的居所，
在柔和光线的雕琢下，重见天日。
动线不再迂回，空间豁然开朗，
未来无限宽广。

轻装修，重装饰，以艺术为尊，
不重流派，不拘形式。
东方山水，西方雕塑，尽纳其中，
游艺在传统与现代之间。

标题灵感来自《论语·述而》篇：
"子曰，志于道，据于德，依于仁，游于艺。"

将遮蔽光线的高墙两端拆除，柔和的窗光，结合廊道照明，使原本幽暗而缺乏采光的玄关大放光明，同时开启流畅的双动线。

依据"明厅暗房"的用色概念，在开放的客厅、餐厅，以温暖的米色系为主色调，佐以明亮的白色收纳、展示柜，简洁却不失温暖的配色，带出家的暖度。私人领域的寝居空间主墙，则以沉稳的深色硅藻泥铺陈，营造出静谧的空间氛围。

艺术性软装布置，为空间带来画龙点睛的效果。中西合璧、新旧交融的艺术品，凸显出居住者的个人品位。客厅沙发背景墙，高挂着中国艺术家南超融合东西文化的创意作品：具新旧交融特色的《春在》；餐柜上，则放上台湾雕塑家王秀杞的作品，跨越疆界的艺术品铺陈，让家洋溢着艺术气息。

A PURE ELEGANT HOUSE

纯净雅居

业主职业：职员 /

年龄：70 后 /

兴趣爱好：运动、休闲娱乐 /

家庭结构：夫妇 /

房屋格局：两房两厅 /

居住理念：简约、时尚个性 /

项目名称：中坜微笑城堡 / 地址：中国台湾省桃园市

设计公司：王俊宏设计 / 主设计师：曹士卿

项目面积：110 平方米 / 摄影师：KPS 黄钰崴

业主希望以简洁利落的现代风格打造新居，并希望有个空间具备多功能的使用机能，有长辈来访，就可瞬间变身为客房，未来有孩子，也可化身儿童房，让空间能够灵活运用。主卧室女主人想要有梦寐以求的更衣间，让生活机能更丰富。

主要材料和工艺

铁件、

喷漆、

超耐磨木地板。

执子之手，与子偕老，非梦境。
双飞双宿，比翼遨游，不厌倦。
家，是靠岸的港湾，
无须色彩争妍，只管纯净无瑕。
生活就应浪漫如诗，
有你同在，即便一箪食、一瓢饮，
世界依旧精彩绝伦。

设计说明

规划的新婚住宅，业主是即将步入礼堂的70后年轻夫妻，准备学习携手共度人生的第一堂课。生活的共享，是空间设计的主轴，局部穿透的格栅，巧妙地区隔内、外；开放的客、餐厅，让两人之间没有距离，也让互动更频繁。素净的白色，作为空间基调，如空白画纸，等待夫妻俩以精心挑选的家具、家饰上色。双栖双宿的新生活，其实只需一房就能满足，于是将三房缩减为一大房，同时满足设置更衣间的实用收纳机能。预留家庭成员改变的可能性，以隐藏式床架，结合拉折门隔断，让客厅旁的房间化身为多功能使用的复合空间。

当动线、格局、采光、通风、收纳皆被满足之余，让新婚夫妻共享布置的乐趣，则是另一贴心设计，透过餐桌旁手绘世界地图的黑板墙与磁性漆壁面的结合，让旅游记忆重现，而家的历史，就从这里开始记录。

CHARM OF MODERN ROYAL FAMILY

现代皇室新魅力

职业背景：大型企业主 /

年龄：70 后 /

兴趣爱好：休闲娱乐 /

家庭结构：父母与子女 /

房屋格局：三房两厅 /

居住理念：古典尊贵 /

样板房主题风格：隽永奢华 /

项目名称：乡林皇居 / 地址：中国台湾省台中市

设计公司：十邑设计工程有限公司 / 主持计师：王胜正

项目面积：429 平方米 / 摄影师：沈俐良

业主设计要求剔除印象中皇室的华丽外衣，以低调典雅的风格贯穿并且统一整个空间的色彩主轴，彻底提升空间质感，带出现代皇室新魅力。

设计师将玄关、客厅、厨房及餐厅规划成全然联结的开放空间，创造毫无阻碍的宽敞视觉感，空间的穿透性显得更为流畅。

主要材料和工艺

大理石、

意大利进口砖、

天然木皮、

不锈钢、

定制家具。

装修预算
硬装：5000 元 / 平方米
软装：2000 元 / 平方米
元

设计说明

位于政商经贸中心，正对面就能看到拥有红树绿草等休闲绿地的秋红谷广场，六栋外观以东方建筑中象征福气、权位的飞燕（飞檐）造型建筑群——"乡林皇居"就坐落于此。投身皇居的怀抱，瞬间从车来人往的繁华都市，进入一个宁静、独享的皇室居所。

设计师将玄关、客厅、厨房及餐厅规划成全然联结的开放空间，创造出毫无阻碍的宽敞视觉感，空间的穿透性显得更为流畅自在。夜静谧，晓风凉，神秘深紫色的厚帘完美营造了华美尊贵的氛围，客厅整体选用沉稳的墨色为主调，微微展露皇室霸气；一席以宫廷珠帘串起的地毯，衬托着线条利落的简约单椅，搭配低调、内敛、有光泽的大型丝绒质感沙发，再以金黄抱枕点缀出生活品位，铺陈出整体的生活美学情境；另一侧，客厅主墙面一幅以墨色的山水大画为构思，实以天然大理石拼接而成，适时彰显出空间的大气质感。

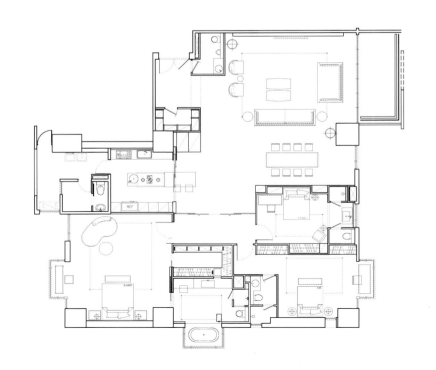

延续开放式设计的厨房与用餐区，以深浅交错的茶色调创造出古代诗人为赋诗词的人文风味质感；中岛式吧台与之对比却不冲突，充满现代风格，在活动的设计上能遵循人数需求增加用餐位置，而关上厨区拉门即可营造洁净利落的生活场景。深夜未眠，光微微亮起，穿透一雾一明的玻璃方格跳拼而成的雅致拉门，简洁富有细节感。把门敞开，你能感受到整体空间中，气体与光线的无碍流动；关上门，则是一道区隔公、私领域最直接的分野。

设计师掌握了建筑致高优势，细腻地将舒眠主卧空间规划于此，安排落地玻璃可以恣意欣赏城市脉动，充分利用畸零ㄇ形空间，在此设置阅读小桌，让人抬头就见风景，与蓝天白云一同翻阅书籍；卫浴空间淡金优雅，长型浴缸横卧在大片窗畔，在泡澡的同时也能欣赏窗外风光，犹如沐浴在自然光下，远眺窗外城市风光。剔除印象中皇室的华丽外衣，以低调典雅的风格贯穿并且统一整个空间的色彩主轴，彻底提升空间质感，带出现代皇室新魅力。

THE GRAY ZONE

灰色地带

项目名称：心臻邸 11D/ 地址：中国台湾省台中市

设计公司：敞居空间设计 / 主设计师：黄姿菁（Emily Huang）

项目面积：132 平方米 / 摄影：吴启民

职业背景：科技行业 /

年龄：70 后 /

兴趣爱好：电影、音乐 /

家庭结构：单身人士 /

房屋格局：两房一厅 /

居住理念：简约、时尚个性 /

住宅主题风格：现代风 /

业主设计要求

雅痞风的空间氛围与强调材料质感。

主要材料和工艺

金属、

木皮、

烤漆、

镀钛金属。

装修预算
1 564 000
元

独自一人自由居住在 130 多平方米的家中，
家，便有了新的定调。
在沉静、开阔的空间中，
冷色调的围塑下，
烤漆、木皮与镀钛金属的细致肌理凝结，
变得清晰而显见。
凝结出质感、维持着端庄，
保留着一种社会的敏锐度与内敛，
却绽放冷冽的韵律，
是创作者的隐喻，
产生一种寓意深远的蔓延。

空间，
在转身后，瞬间绽放热情，
摊开手，感受温暖与包容，
在沉静的夜幕下，
蕴藏着柔软的沙发与家具、
隐藏着一团烈火，
包裹着疲惫的身躯并给予
温暖的力量。
保留着一点温度，
以不同的面貌给予
家的温暖。

灰色地带，
黑慢慢地释放出了灰，
白淡淡地被加深了灰。
或许过于沉静，
但那客厅旁的壁炉，
带了一丝丝的情绪。
结束在顶棚的金属镀钛，
我们定义为灰色地带，
灰在地毯里淡淡温柔，
灰在实木里慢慢蜿蜒。

也许是在默许，
在那窗沿的铝百叶，
让空间静静沉思，
开始在地坪的水泥瓷材，
我们归纳为灰色地带。

不用特别地定义、归纳，
这空间早已定调为灰色地带。

IN THE 1960S

60后这个年龄段的人，
有一个共同的特点
就是特别怀旧，
特别不服输。
如今经历世事，
不需要过分显露，
真情自然涌出，
经历了岁月的磨炼，
已开始享受生活。

他们入世做事，出世做人，
知书达理，文明礼貌，
拥有豁达的快乐，
他们看淡人生，
已达"悠然见南山"的人生境界。

在为 60 后业主作家居设计时，更关注舒适性，在空间布局和功能规划方面更加注重居住感受，能让业主在慢节奏的状态中享受生活，如在家里设置酒窖、雪茄区及娱乐区等，在这里与三五好友在闲话家常中追忆青春岁月。另外，通常人们会在这个阶段梳理一下自己的人生，重新拾起年轻时的爱好，或是趁着自己尚有健康的身体尝试体验另外一种生活，如环球旅行、写作看书，这些都是为这一年龄段的人进行家居设计的重要参考因素。

在材料选择方面，他们偏爱木质材料和石材，倾向于营造富有质感的空间氛围。在家居的色彩选择方面，多选用高雅宁静的色调。暗红、桃红、棕黄等色彩给人安全感，而桃红色、紫色等较时尚的颜色，又可满足他们追求时尚的内心愿望，这些色彩既符合他们要求温馨、舒适的感觉，又能带给人健康、时尚、年轻的心理暗示。

BASK 沐浴暮色 清风吹拂
IN TWILIGHT
FEEL THE FRESH WIND

业主职业：金融业金领 /

年龄：60 后 /

兴趣爱好：书画、品茶 /

家庭结构：丁克家庭 /

房屋格局：2+1 房 2 厅 2 卫

住宅主题风格：现代人文

项目名称：沐暮 / 设计公司：近境制作 / 主设计师：唐忠汉

项目面积：99 平方米 / 摄影师：MW PHOTO INC

业主设计要求

虚实相间的量体，捕捉了每个光影，刻意将各领域的界线打开，
让视觉穿透，使气息流动。沐浴夕阳暮色，和煦清风吹拂，每一个空间都成为
另一个空间的端景。

主要材料和工艺

石材、

壁布、

玻璃、铁件、

钢刷木皮、

木地板、波龙地毯。

设计理念

沐浴夕阳暮色，和煦清风吹拂。

刻意将各领域的界线打开，
让视觉穿透，使光影交错，
每一个空间都成为另一个空间的端景。

利用利落的线条分割，
架构空间的虚实关系，
导入温润质朴的媒材，
创造出人文的本质语汇。

玄关设计

虚实。

量体的虚实、镜像的虚实，宛若一场视
觉的盛宴，创造了两倍以上的空间。既
不局促封闭，又具有领域性。

客厅设计

交集。

生活领域交迭出空间的核心位置。以客
厅为家的中心 ，延伸至其他区域，使
其和每个空间都密不可分，汇集着生活
中流淌的情感。

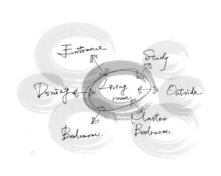

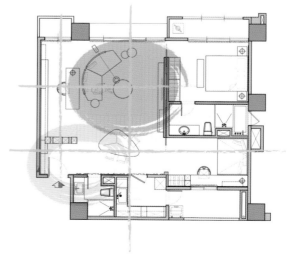

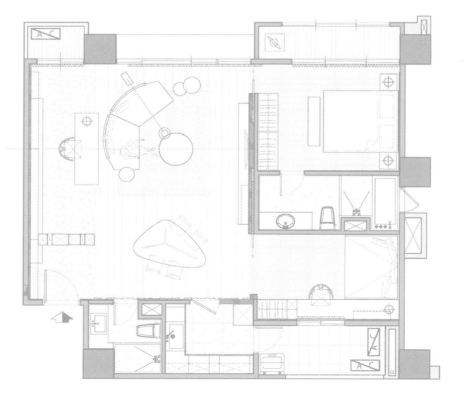

餐厅设计

错序。

在错置编排的设计下，格栅产生律动，形成一面主题墙。

高低垂吊的吊灯搭配多向性餐桌，隐约地界定出餐厅的位置，界定出空间，却又模糊了界限。

书房设计

容器。

将地坪转折至壁面，用隐喻的手法创造空间
的场域性。壁面嵌入交错的层架，像是承载
着生活故事的容器。

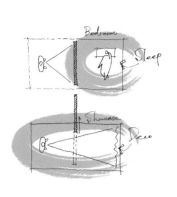

LIVE IN SECLUSION 玉宇隐居

业主职业：金融业金领 /

年龄：60 后 /

兴趣爱好：书画、品茶 /

家庭结构：单身人士 /

房屋格局：接待厅、书房、茶室、餐厅、雪茄房、健身房、卧室、司机房、佣人房 /

居住理念：简约、时尚个性 /

项目名称：深圳天安高尔夫珑园 41F/ 地址：中国广东省深圳市

设计公司：王俊宏设计 / 软装设计：王俊宏、江柏明、黎荣亮

项目面积：496 平方米 / 摄影：KPS 游宏祥 / 艺术家：孙文涛

业主设计要求

项目是深圳市区的地标性住宅，业主期望透过软装设计的布置将其改造为私人迎宾、接待的会所。空间带有思古幽情的昔时情境，却又具时尚感。

主要材料和工艺

木材、

地毯、

定制家具。

设计理念

玉宇隐居

汉白玉之精雕，

衬托奇岩峥嵘之艺。

入室却见木质之纯粹，

铺陈一方禅意茶席。

人生几何，得遇一期一会知交。

洗净尘嚣喧嚷，

迎接一室馨香与静谧。

云影山水，尽在画中。

世间情谊，如迸裂之核爆，奔腾汹涌。

当登高远眺，坐看熙攘人间。

不住朝市，不入丘樊。

只作中隐士，致身吉且安。

软装设计

软装的布置，对空间影响甚巨。此案透过与艺术家孙文涛、花艺老师蓝介泽及森境 & 王俊宏

设计团队的软装规划布置，展现了白居易诗作中对"中隐"描述的意境。

白居易《中隐》："大隐住朝市，小隐入丘樊。丘樊太冷落，朝市太嚣喧。不如作中隐，隐在留司官。似出复似处，非忙亦非闲。唯此中隐士，致身吉且安。"

将"形"的哲学，实践于空间美感中．苏东坡说"随物赋形"，在每一个不同的空间中，我们依照当下的条件，造境定界，穷究空间之美形。在各方人马汇聚和携手合作下，铺陈出融合古、今、新、旧并陈的艺术美形空间，让会所传达优雅的人文气息，进而享受宾至如归的温馨与雅致。

MODERN FASHION 现代时尚

业主职业：教育工作者 /

年龄：60后 /

兴趣爱好：书画、品茶 /

家庭结构：父母与儿女 /

房屋格局：四房两厅 /

居住理念：简约、时尚个性 /

住宅主题风格：简约风格 /

项目名称：美河市周宅 / 地址：中国台湾省新北市

设计公司：禾筑国际设计有限公司 / 主设计师：谭淑静

项目面积：214.3 平方米

业主设计要求

成员有各自的动线；风格偏简约和时尚。

主要材料和工艺

石材、石英地砖、

薄片版岩、瓷砖、

人造石、实木板、木皮、

软木地板、烤漆玻璃、玻璃夹膜、

亚克力、雾面烤漆、铁件、绷布。

装修预算
3 500 000
元

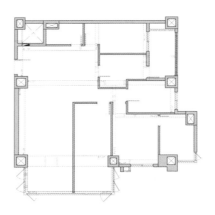

BOUNDLESS 无界

业主职业：长期旅居国外 /

年龄：60后 /

兴趣爱好：旅游 /

家庭结构：夫妻与儿女 /

房屋格局：三房两厅 /

居住理念：休闲多元 /

住宅主题风格：现代人文 /

项目名称：香格里拉 - 李公馆 / 地址：中国台湾省新北市

设计公司：拾雅客空间设计 / 设计总监：许炜杰（Janus)/ 设计师：张忆如

项目面积：149 平方米 / 摄影师：王基守

业主设计要求

打破原有五间套房的空间模式，从客厅、餐厅、尊亲房到主卧房都能拥有得天独厚的户外景色。一边喝咖啡，聆听肖邦的音乐，一边眺望窗外远方几个地标性建筑，让触觉、听觉与视觉都能得到无比满足。

主要材料和工艺

皮革、

实木皮、

石材、

铁件、

镜面。

设计理念

设计案往往因为居住成员需求的
不同，而让空间产生了分割的限
制，此设计案时以引景入室为设
计理念发想，在打破空间界线的
同时也打破了居住者之间的界
线，让环境、空间与居住者产生
完美的对话。

设计说明

公共空间无实体墙面分隔，以天、地的设计理念
表达出区分空间机能的概念，并划分出每个区域
的氛围；以简单舒适的设计，透过大面积类石材
砖与实木纹理质感的搭配，表述大自然的山岩触
痕与质朴木纹，延续了窗外的河堤美景及室内的
舒压自然风格，赋予生活以自然的温度。

为呼应连绵无边的水岸景观，选用了纹理鲜明的
木皮、可呈现自然原味的类板岩砖与铁件。凹凸
的 3D 立体拼贴原生木皮，辅以染色的技法铺排，
借由木皮毛细孔自然吸收漆色而达到纹理深浅自
然，堆砌出空间丰富的层次感。

DUPLEX 方寸间的皱褶
OF THE SPACE

业主职业：布织品经销商 /

年龄：60 后 /

兴趣爱好：品茶、旅游 /

家庭结构：父母与儿女 /

房屋格局：四房三厅 /

居住理念：简约、时尚个性 /

住宅主题风格：东方艺术 /

项目名称：复式住宅

设计师：邵唯晏

设计公司：竹工凡木设计

业主设计要求

低调、艺术，材质为自然原色。

主要材料和工艺

石材、

实木、

铁件、

定制家具。

装修预算
3 000 000
元

设计概况

本案位于中国台湾中坜，业主是布料界的成功经营者，这是一个属于他个人的私人会所，一个招待朋友与偶尔自住的私人天地。整体的设计理念承载了业主独到的喜好和审美观。布料是一种演艺性很高、充满生命力的材料，透过不同的外力会产生皱褶，进而生成有机的肌理形变，能于方寸间演绎出无限的可能。透过挤压、折叠起皱而成的线痕皱褶，会呈现出细碎、锐利的褶面；而透过卷曲的起皱会产生柔和的曲面和边缘。千回百转的皱褶创造了动态盎然的柔动姿态。依据业主低调的艺术家性格，我们与他共同创造出属于他个人的小宇宙，在这儿他将最接近自己，这是一个属于自我的世界，一个专属于自己的会所，一个自身栖息的场域，一个标志个人风格的奇景异境。

电视墙的设计

经过大量的讨论，业主为了艺术同意了牺牲楼地板的面积，我们打开了二楼的楼板，创造出一个挑高 8 米的开放公共空间。在空间中置入一个大尺度的空间对象，每日夕阳的余光透过云隙洒落在这块"布料"上，与皱褶肌理一起上演了一场"光影秀"，像似在叙说着许多的故事，光影的映射感染了整个空间。然而，除了结合了电视墙的机能外，也企图借此空间装置述说空间的场域精神，同时也承载了业主自己企业的专业性。

位于一楼会客室的座椅设计也是量身定做的。电视墙充满动感，曲面皱褶很有力度，仿佛在蜿蜒、细碎的皱褶中找寻东方书法的柔情姿态。这面皱褶的电视墙在沉静的会客室空间中恣意展现姿态，同时也加入了书法抛筋露骨、柔中带刚的线条，在具备了西方抽象艺术的现代表现基础上，也充满了东方书法线条的动态语汇，期望用户在空间中凝神静思之时，品尝这交替运行所形成的具有律动美的造型艺术。

设计说明

蜿蜒皱褶中的叙事网络

归纳我们对于布料的观察、体悟和想象，在形式上，我们从布料的皱褶出发，也隐喻、响应了对于非线性形式的喜好与钻研，时间和空间随着物质本身的折叠、展开与扭曲，形成了一种本质上没有内、外之分的空间美学，这种观念打破了欧几里得的几何空间概念，定格了一个动态运动中的片刻。我们透过有机、非线性、抽象的写意风格，创造了具有动感韵律、似地景、似装置、似墙体、似软装陈设的空间对象群，进而转译编织成一种超现实的诗意空间。

因而我们在空间中的许多角落都置入了这样展演性高的"空间对象"，散布在整栋建筑空间中，打破了空间的主从关系，即使在最不重要的顶楼楼梯间角落，一样会觅寻到惊喜。生活的趣味就应该散布于整体空间中，透过单点对象的置放，串联后空间充满叙事性的风格。甚至，我们透过"隐门"的手法弱化了房间的自明性，从一楼一直到顶楼都在强调公共领域的空间，翻转了公私空间的定义，令人仿佛进入一个充满无限想象的艺术地景中，有如贤人雅士将奇山异水的景致收纳在皱褶的肌理中；柳暗花明又一村的空间安排，也将交织起属于这个会所特有的叙事网络。

数位的永续思维

整体的空间因预算的考虑，也导入了一些节能永续的思维。第一是整体空间的格栅都是搜集可再利用的实木角料经过漆料的修补、拼接构成的。在制作复杂形体之余，将剩余的材料转到其他空间再利用。第二是空间中的复杂形体，在设计前期，先在计算机参数化的环境中设计出我们转译出的形体，并利用快速成型技术（RP）输出实体模型进行设计讨论与沟通，并在计算机中来回分析与修正。进入施作阶段，我们首先利用激光切割将材料制成连续渐变的断面，并在曲面强度不同的地方进行结构补强，之后开始精确放样，组立粗坯形体。从设计到施工的整个过程，都通过计算机辅助设计系统及计算机参数化设计流程精密控制，企图在压缩的预算及工期内，将无秩序的对象有效模矩化与制程化，经过精密的材料及形式计算，工厂模块化完成后运至现场组装，有效缩短了工期和节约了现场施工资源。

FOLLOW YOUR HEART 随心之境

职业背景：服务业 /

年龄：60 后 /

兴趣爱好：旅游 /

家庭结构：父母与儿女 /

房屋格局：三房两厅 /

居住理念：简约、时尚个性 /

项目名称：中和协和纪 / 地址：中国台湾省新北市

设计公司：王俊宏设计 / 主设计师：王俊宏 / 设计师：陈睿达、陈霈洁

项目面积：200 平方米 / 摄影：KPS 黄钰崴

业主设计要求

业主希望透过设计团队的专业规划，在现代简约的设计中，能注入个人特质，并能将平日礼佛、祭祀的需求巧妙融合在空间中。

主要材料和工艺

拓采岩、喷漆、

超耐磨木地板、

银狐大理石、灰网大理石、

赛丽石、铁件、

波龙地毯。

设计说明

顺势而为，以开阔的公共空间串联客厅、餐厅，形成凝聚家人情感的场域。

玄关、餐厅，通过隐而不显的双面柜区隔，做到了内外有别，并刻意预留雕塑展示平台，让艺术品自然地融入在了生活中。

餐厅区的长桌，运用了沉稳线性切割的拓采岩立面，仿佛岩窟般将虔诚礼佛的佛龛嵌入，佐以镜像《心经》衬底，将宗教信仰融入到日常起居中。

随心之境

"色即是空，空即是色"，
透彻之《心经》，为空间挹注灵魂。
让设计化繁为简，生活如行云流水，
自在随心而无挂碍，
起居坐卧，行止动静，怡然自得。

ART
艺·墅
AND VILLA

业主职业: 金融业金领 /

年龄: 60后 /

兴趣爱好: 摄影 /

家庭结构: 父母与儿女 /

房屋格局: 独栋别墅 /

居住理念: 人文主义 /

项目名称: 光影流年 / 地址: 中国台湾省台北市

设计公司: 水相设计有限公司 / 主设计师: 李智翔 / 参与设计: 刘梓娴、郭瑞文

项目面积: 297 平方米 / 摄影师: 岑修贤

业主夫妇喜爱摄影，期望居室中导入光影交错的美丽情境。设计师在端景及图书室设计中巧妙运用暗藏的灯饰及自然光营造出这一神秘氛围。

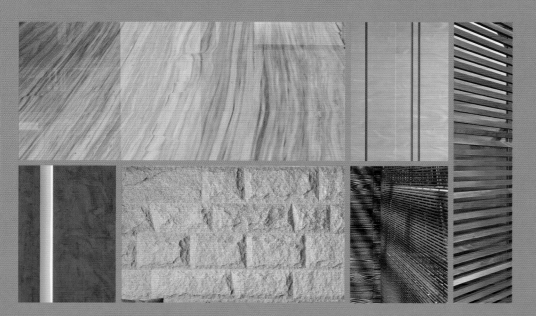

主要材料和工艺

斧劈面锈石、

西卡檬强波纹木皮、

胡桃实木地板、木文化石、

白铁刀喷砂木皮、

爱情海石材地板、铁件、木纹砖、编织毯。

装修预算
2 151 000
元

设计说明

业主是业余的摄影师，繁忙的工作之余，地下室便是其摄影创作的基地。

光线是摄影的本质，也是反映物体现实的基础。镜头快门叶片关闭的那一秒，就造就每个决定性的瞬间。光线进入的方式，例如时间长短、角度方向等都必须考虑进来。我们试着让光线不仅仅是大面积地从落地窗进入，也希望光线能通过墙体进行控制和处理。

框景 —— 安瑟·亚当斯有句名言："当你拍摄风景照时，如果试着在景物前加一个框（FRAME），你会让平凡的景物变得极不平凡。"

"I am forever chasing light. Light turns the ordinary into the magical" -Trent Parke
我不断追逐着光，光能将平凡的东西化为神奇。——特伦特·帕克

光给了我创意的形状和脚本，也是我成为摄影师的原因。——芭芭拉·摩根

CHARM OF MIX AND MATCH

混搭的趣味

业主职业：金融业金领 /

年龄：60 后 /

兴趣爱好：电影、音乐、休闲娱乐 /

家庭结构：父母与儿女 /

房屋格局：三房两厅 /

居住理念：人文主义 /

项目名称：双橡园吴宅 / 地址：中国台湾省台中市

设计公司：珥本设计 / 主设计师：陈建佑 (Steven Chen)

项目面积：145 平方米 / 摄影：吴启民 (Kevin Wu)

因业主年龄及职业关系，整个居室兼具轻古典的优雅与现代风的时尚感，显得稳重而典雅。点缀其中的明黄色软饰与清新花艺则给空间带来惊喜与趣味。

主要材料和工艺

罗曼石、

胡桃木皮、

白橡木皮、

镀钛板。

设计说明

当业主根本不知道自己想要的是什么且带着全然的信任感来向我们委托此案时，设计师采取了折中主义的做法，让古典细腻的线板与简洁优雅的现代家具融合、共鸣；运用古典对称的元素，使得空间的入口与收纳问题不再零散破碎，反而成为虚实对应的空间惊喜。折中主义的设计手法，使混搭的趣味和业主可以选择的风格和形式大大地扩展。

正如同一个充满时间感的城市必然是迷人的，那些古典与现代共生共存的平衡，使得城市的生命变得丰厚。因此，当设计师脑海中融合现代与古典的设计语汇被运用在室内设计中时，便表现在对材料的细致的选择上；那些实木、仿铜金属板、石材与棉麻布艺品，都是带有时间感的素材，承载着居住者日常欣赏音乐、饮食、阅读的思维，并传达出无限的安静感与一种闲适的自信。

RETURN 返璞归真
TO NATURE

业主职业：设计行业相关 /

年龄：60 后 /

兴趣爱好：书画、品茶 /

家庭结构：父母与儿女 /

房屋格局：三房两厅 /

居住理念：自然生态、人文主义 /

项目名称：台中郭宅 / 地址：中国台湾省台中市

设计公司：珥本设计 / 主设计师：陈建佑

项目面积：140 平方米 / 摄影师：吴启民

业主比较注重居室的人文情怀和环保理念。因此，设计师在材料选用上多用原木皮及石材。整体色调上也偏向质朴的原木色、灰色与白色，点缀的小巧绿植及玫红软饰打破了平静。

主要材料和工艺

锯痕橡木木皮、

栓木木皮、

铁件、玻璃、

木百叶、

橄榄啡大理石。

本案坐落于一个闹中取静的新开发区，拥有采光良好的优势条件。屋主平日
从事样品屋软装布艺的工作，也时常经手华丽的豪宅装饰。对于自己居所的
期望则是具有质朴宁静、返璞归真的情怀。由于空间面积不大，为了满足使
用功能，此案在设计上运用了"暧昧"的分割法，在公共空间中齐备各式功用，
却不显琐碎。并利用一些轻巧的细节和素材变化来增添空间的丰富性。

THE FOLDED INTERFACE 界面折选

业主职业：金融业金领 /

年龄：.60 后 /

业主兴趣爱好：电影、音乐 /

家庭结构：父母与儿女 /

房屋格局：两房一厅 /

住宅主题风格：现代风格 /

项目名称：新庄富邑 / 地址：中国台湾省新北市

设计公司：近境制作 / 主设计师：唐忠汉

项目面积：118.8 平方米 / 摄影：MW PHOTO INC.

业主设计要求

动线设计流畅，方便各个家庭成员的活动。

主要材料和工艺

木皮、

铁件、

烤漆、

石材。

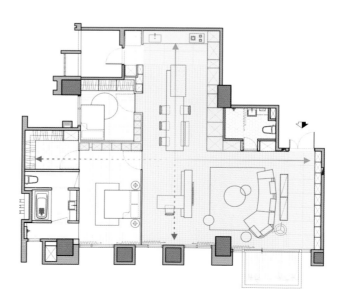

设计理念

共享地景，空间地景

家具与空间共享同一量体形式，空间家具化，家具空间化，赋予了空间不同的生活机能。间接光让顶棚的翻折痕迹柔焦化，彰显出另一种层次效果，营造出具有现代感的几何切面。

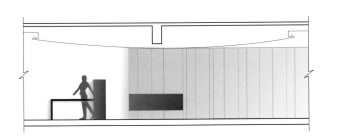

曲面、弧面，创造连续平面空间，呼应关系。角度与墙面产生关联，借由板片的堆栈交错，结合光影，明确所营造的几何效果。

运用弧线造型及轻盈、和谐的色调，表达拥抱后的感动及情绪波动；另一方面，串联整体公共空间并包覆大梁，消弭了空间压迫感。

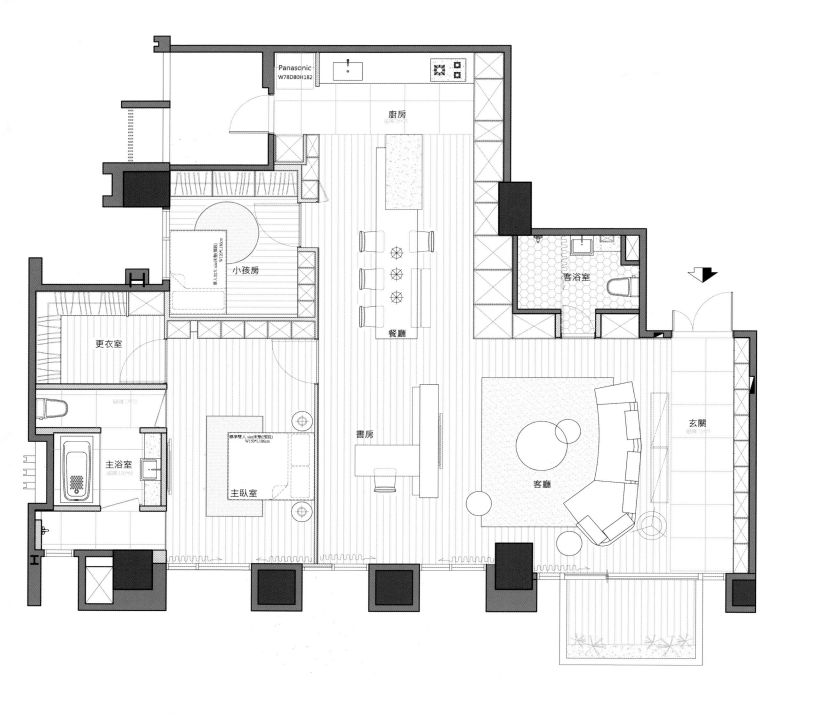

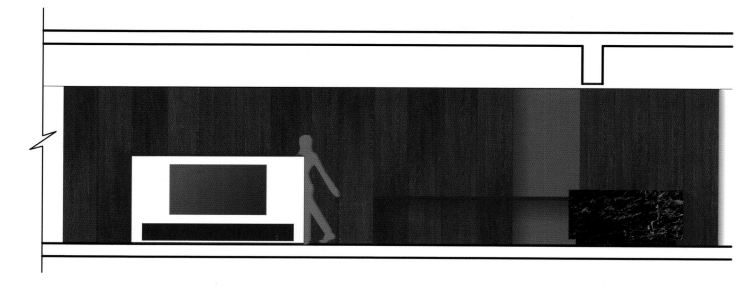

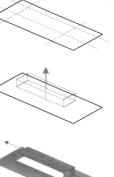

这个年龄段的人已看透名利，宠辱不惊。

工作时，所扮演的事业中的角色，

决定了其社会地位：

退休了，角色也变化了，

从以社会为主，

转变成以家庭为主，

把原有的角色还给了社会。

他们经受了岁月的打磨，

经历了曲折和挫折，

留下人生的足迹，

成就了自己丰富的阅历、涵养。

他们到了人生的晚秋，

生活的脚步慢了，

却可以细细品味生活，

欣赏生命之旅中的各种景色，

在享受与品尝过酸、甜、苦、辣的回忆所带来的别致感觉中，

他们更喜欢安静和轻松的环境。

在为 50 年代出生的业主作老人居室设计时，首先要注意的是设计的方向是营造温馨、舒适的氛围。所以在居室色彩的选择上，应偏重于古朴、平和、沉稳的室内装饰色，家具和窗帘布艺的用色宜选素色。深浅搭配的色调十分适合于老人的居室，如深胡桃木色可用于床、橱柜与茶几等单件家具，寝具、装饰布及墙壁等则以浅色为宜，使整个居室既和谐雅致，又能彰显出长者成熟的气质。另外，窗帘可选用提花布、织锦布等，其厚重、素雅的质地和图案适合老人成熟、稳重的特质，厚重的窗帘也能营造静谧的睡眠环境；最好设置为双层，分纱帘和织锦布帘，这样可以调节室内亮度，使老人免受强光的刺激。

在功能设计上，增加一些安全设施，如在墙壁上设置扶手，扶手可以成为他们的好帮手。同样，选用防水材质的扶手装置安装在浴缸边、马桶与洗面盆两侧，可令行动不便的老人生活更便利。这对老人来说十分实用。

另外，老人也不能久站，因此在淋浴区沿墙设置座椅，可以节省老人的体力。老人卧室的墙上应增加 1~1.5 米高的扶手，以方便老人站立或坐下。同时，为防止地面打滑，老人房应尽量铺设木地板。

REALM OF FOREST 乡林大境

业主职业：服饰业高管 /

年龄：50 后 /

兴趣爱好：书画、品茶 /

家庭结构：父母与儿女 /

房屋格局：四房两厅 /

居住理念：简约、时尚个性、人文 /

住宅主题风格： 自然人文风格 /

项目名称：山林隐士 / 地址：中国台湾省台北市

设计公司：惹雅设计 / 主设计师：张凯

业主设计要求

自然取景、引光入室，以大器利落、恢宏气度为主轴。

主要材料和工艺

茶氟酸镜、黑镜、

金属、黑铁、钛金属、

喷漆木地板、绷布、

城堡灰石材、皮革、

定制进口手工染色木皮、进口壁纸。

装修预算
2 800 000
元

磅礴之至，乡林大境。

拂去尘嚣喧扰，回归朴实心境，

山林景致悄悄引入居所空间。

线条极为简化的铺陈，

试图将山林光景引入屋内空间。

同时刻意简化了居住空间内无谓、烦琐的线条，

让墙面表情回归到材料的初始状态。

笔直高耸的粗犷石材山壁，俨然撑起建筑挑高的盘顶，

粗犷山石错落拼接成高大而磅礴的山壁造型，

同时在石皮墙旁嵌入细腻的铁件壁灯，

增添了室内的光景趣味。

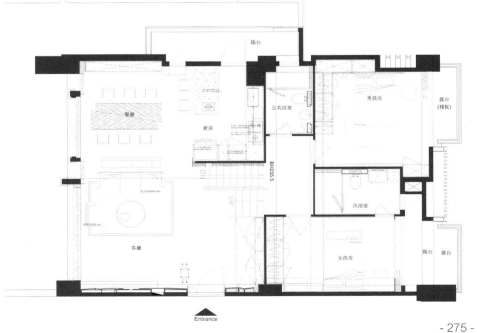

各个不同大小、前后凹凸错落的原木柜体，
象征了一个家庭的聚合。
让公共空间的一景，
聚焦于餐厅空间的原木堆栈。
如同堆砌家人的生活片刻，
家庭成员各方不同生活经验的汇集，
可以恣意地收藏于此。

交叉轴线空间，
极度扩张了公共生活区域。
将餐厅开放式厨房区与
客厅的休憩空间合并，
串连成完整的公共区域。

整体空间上下错层，
各部位的私密领域互相区隔，
保有了自己独立而不受干扰的生活领域。
每个区域拥有大范围的窗外光景，
并将其引进了室内空间，
户外光景与室内沉静相互鸣奏、应和。

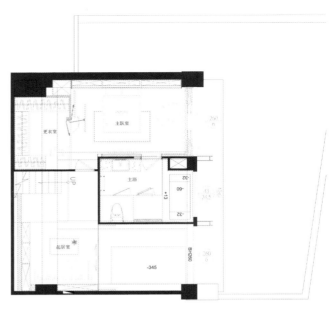

WATCH THE CLOUDS RISING 坐看云起时

业主职业：航运事业领导 /

年龄：50 后（退休生活）/

兴趣爱好：品茶、旅游 /

家庭结构：退休夫妻 /

房屋格局：一套房一厅一起居室（大更衣间）

居住理念：人文主义 /

住宅主题风格：人文质感、品味生活 /

项目名称：The Voyage 海观 / 地址：中国台湾省基隆市

设计公司：Snuper Design 大雄设计 / 设计总监：林政纬

项目面积：148.6 平方米 / 摄影师：李国民

业主设计要求

舒适雅舍、眺望海景、大气稳重。

主要材料和工艺

卡拉拉白大理石、

洞石石材、实木木皮、灰镜、

实木木地板、

铁件、镀钛金属、

灰玻、绷布。

设计理念

眺望市景，倚着山河海港，退休的生活如此惬意，儿女子孙、朋友三两，都是退休宅的生活印象。外在欢乐，内在宁静，精致而朴质。

设计说明

"续上林，承河海之境"

"海观"簇拥海港城市繁景，迎山面海，纳聚了港城的历史记忆，某种程度也为屋主写入不少航海事业的回忆。这个家是业主走过大半人生历程之后，一个靠岸停泊的居所。

设计延续了 Urban Palace 的宫廷概念，融入现代语汇，更利落地将建筑、记忆、材质运用在空间内；流动的线条比例，内敛沉稳、精致不矫饰。

"冲突·东西·现代禅"

东方生活的思维与西方设计语汇相遇，现代的空间依旧纳含中国风水与雕像，隐隐然平衡了任一方的重量。设计师运用建筑手法直白地切割了空间，从格局线条到框线细节，都如海流般穿梭于空间中；带入 Nature Urban 元素，石、玻璃、木界定着场域；虚实穿透、幢幢队列的石墙，引入窗外景致，里外呼应了环境、空间和记忆。

"外在欢乐，内在宁静"
从容的生活，从这里开始，
想象儿孙子女围绕的天伦之
乐，朋友三两啜饮谈笑，抑
或独白于窗前，忆往事、坐
看云起时。人生至此，才只
是新的开始。

TIBET STYLE

藏艺

业主职业：企业领导 /

年龄：50后 /

兴趣爱好：书画、品茶、旅游、高尔夫球、国标舞 /

家庭结构：单身人士 /

房屋格局：两房一起居（2+1）、一厅（私人会所）/

居住理念：古典尊贵、现代古典 /

住宅主题风格：豪宅、私人会所 /

项目名称：林口住宅案 / 地址：中国台湾省新北市

设计公司：Snuper Design 大雄设计 / 设计总监：林政纬

项目面积：247平方米 / 摄影师：李国民

业主设计要求

具有私人会所特质的人文质感豪宅，大气稳重、时尚艺术，即便访客多住几日也不厌倦。

主要材料和工艺

普罗旺斯大理石、黑网石材、咖啡绒石材、

石材马赛克、超耐磨木地板、

铁件、灰玻、

铁刀木皮、特殊漆、

绷布。

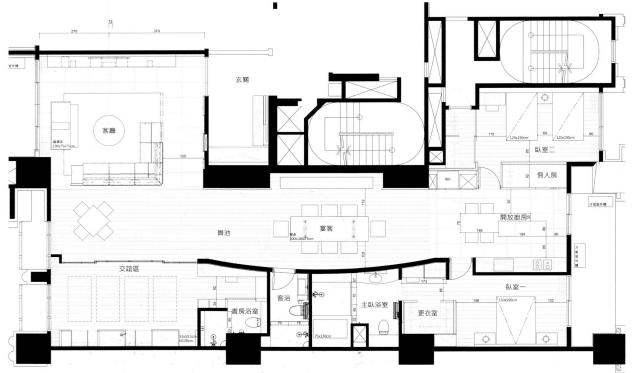

设计概念

山居春意，以艺会友，
轻歌曼舞，宾主尽欢。

空间规划以私人会所为概念，融合
了艺廊、舞池、度假会所等使用功
能于一体，尊荣的宾客享有多种娱
乐活动，即便是歇住三宿也能轻松
自在。

"自然语汇低调，艺术栩栩呢喃"
运用自然的设计语汇，可让艺术品更
为意气风发，在属于自己的角落中绽
放出光彩。无论是以石材纹路为基底
的背墙、让木质包覆住的壁柜、还是
手工涂抹的画作墙，都细腻却低调，
成功地成为了展品的背景。

尊荣分享，以艺会友，这处私人会所
在山居春意间，沉稳低调地接待了重
要宾客，这也代表了主人的待客之道，
一切尽在不言中。

设计说明

"现代思路，演绎古典"

现代却复杂的层次线条，在某种程度上演绎了古典繁复的概念，并非东方，亦非禅意，而是让理性的线条包纳了感性的温度；刚毅格局中加入了软性的色调、陈设，提炼出如此独特、充满矛盾感的空间设计。

"轴线、层次，环环相扣"

一道长长的弧线廊道，划分出公、私领域，以轴线与层次的手法，前后左右牵引着每一场域，于大气中见细腻，在辽阔的平面中看见层次的美感。展廊不但可以是用餐区，亦可是舞池，地灯沿着弧线顺序点亮，轻歌曼舞之际，光影闪熠，美丽动人。

MODERN LIFE 摩登生活

业主职业：商贸企业家 /

年龄：.50 后 /

兴趣爱好：旅游、休闲娱乐 /

家庭结构：丁克家庭 /

房屋格局：两房一厅 /

居住理念：古典尊贵、优雅大方、欧式美学 /

住宅主题风格：豪宅、文人豪邸、当代欧艺 /

项目名称：C.Modern 当代欧艺 / 地址：中国台湾省台北市

设计公司：Snuper Design 大雄设计 / 设计总监：林政纬

项目面积：181.6 平方米 / 摄影师：李国民

业主回顾自己的旅欧生活，试图将自己对旅行的记忆放入空间中。设计师从居家的现代古典、空间尺度到经典工艺家具，一一着墨，从入门的玄关开始，便展开了这趟旅程。

主要材料和工艺

天然石材、

镀钛版、中空板、

木地板、木格栅、

皮革。

大地｜金属｜冷暖

空间的温度，也代表着业主生活的温度。设计师以大地色为基调，主要用在木皮、烤漆、家饰上，也采用了玫瑰金、黑铁件来增强空间的大气与稳重感，金属材质的映射也衬托出业主的身份、地位与沉稳内敛的气质。不怕偌大的石墙太过于冰冷，其实整体的氛围已经将温暖包覆其中，剩下的只是具体感受生活。

石材 | 壁柜 | 陈设

这是一个非典型的古典设计，设计师去除了古典繁复的线板，以利落、对称的线条划开空间。从玄关开始，便以地板拼花与鞋柜的搭配展开序曲，而走入空间的第一印象则是有序列的壁柜次客厅与宽敞的客餐厅，客厅石墙则是我们安排视线焦点最后的落脚处。其实越是高质感的居家，越是需要拿捏简约度，把重点放在一个角色上，让它们来为空间沉淀香气。

格局 | 轴线 | 几何

虽然这是个宽敞的平面，不过我们还是将客厅、壁柜、餐厅以 L 形的动线来规划，因此拉长了每一面的尺度，并在延伸视觉的过程中，将几何线条带入，例如玫瑰金的顶棚、开放式厨房的铁件拉门。等比的几何切线，把握适度原则，为宁静的空间带入一些活泼欢乐，生活不就是如此吗？

旅欧的生活印象

在与这位业主的相处过程中，除了最后画下一个幸福的句点外，我们获得最多的，还是这位屋主对其生活经验的分享，也因双向交流，才有如此精彩的作品产生。

另一个值得关注的故事

这是最近大胆尝试的欧艺设计风格，也是完全镜像的作品，一墙之隔，还有一个不同时代的作品呈现。这反映了两代家庭成员对于欧艺的不同理解，所以在这个设计作品中可以看见古典与现代、繁复与简约，呈现了迥然不同的摩登生活印象。

CHINESE STYLE ELEGANT HOUSE

中式文人雅居

业主职业：餐饮业老板 /

年龄：50 后 /

兴趣爱好：电影、音乐、休闲娱乐 /

家庭结构：父母与儿女 /

房屋格局：三房两厅 /

居住理念：人文主义 /

项目名称：韵东方 / 地址：中国台湾省新北市

设计公司：惹雅设计 / 主设计师：张凯

项目面积：214.5 平方米

业主设计要求

运用金属美感，营造大气洗练、东方人文色彩浓郁、朴丽且实在的居所。

主要材料和工艺

茶氟酸镜、黑镜、

金属、黑铁、钛金属、

喷漆、城堡灰石材、

定制进口手工染色木皮、

木地板、进口壁纸、皮革、绷布。

装修预算
1 400 000
元

设计的最初灵感来自于 ARMANI 家具。

蔓延的现代东方氛围中，感受到的是从上海璞丽酒店大厅深刻磅礴的气韵所触发的灵感。

空间基底犹如一簇宣纸，悠然横卧四方之中，黝黑铁件强劲有力的勾勒，体现出灰色实木柜体朴质的韵味。简约朴拙的砖石地坪，相互迭层，为朴实的基底更增添了一分闲情逸致。

空间场域的划分

以打散客、餐厅空间明显的界线为诉求，同时降低餐桌的高度，以几近类似和式桌的形式来铺陈餐饮空间，餐桌与沙发椅选用同一类的深紫褐色钢琴烤漆作调性上的统一，让客、餐厅家具单品的区隔界限弱化，形成整体性的氛围感，家具表情使用的重色布匹，犹如宣纸上的大片色彩渲染，让空间色调相对凸显，提高了整体空间的对比度。

厨房的设计，以淡化"此空间为厨房"的意识为诉求，样貌几近完全无厨房形态，精装而雅致的氟酸镜面结合厨房门板，同时佐以黑铁框边作为修饰，让厨房完整地转化为精品空间，整体开放式公共空间以零区隔为主要设计理念，让空间动线完整流畅，无多余区隔。

笔锋簇劲，浓淡分明
电视柜的设计犹如以长度大小不一的铁片层层相迭，不同的方向变化形成不同的黑色、灰色层次变化，犹如墨色在宣纸上形成的晕染变化一般，充斥着一股强烈的笔锋力道层次分明感与晕染色调变化的趣味。

东方花语，蕴含万千
沙发后方的艺术壁饰，犹如画龙点睛般点亮了整体空间的气韵神情，水莲清新内敛的形体同时宣示了中式文人雅居的鲜明主题，蝴

蝶兰则为空间增添了一种轻盈、诙谐的趣味。

地坪的公私领域界线以砖色来划分，划分为玄关、厨房──客、餐厅空间──书房空间──走道空间。

整体空间中的家具单品：沙发、餐桌、吧台椅，乃至于钛金属壁灯皆由此空间拟定的主题而设计，为此空间独一无二所拥有的特殊单品。

MODERN
MEANING OF ZEN

现代禅风

业主职业：大型企业主 /

年龄：50 后 /

兴趣爱好：运动、旅游、休闲娱乐 /

家庭结构：三代同堂 /

房屋格局：四房五厅 /

居住理念：自然生态、人文主义 /

住宅主题风格：东方休闲 /

项目名称：甲山林水公园 / 地址：中国台湾省台北市

设计公司：十邑设计工程有限公司 / 主持设计：王胜正

项目面积：693 平方米（双层）/ 摄影：沈俐良

设计师主张回归纯粹，
以简约自然的空间语法呼应环境，以减压放松的休闲风格、
顶级度假酒店的氛围来打造舒心怡人的家。

主要材料和工艺

莱姆石、

天然木皮、

木地板、

定制家具。

装修预算
硬装：6000 元 / 平方米
软装：2000 元 / 平方米

设计说明

环视"水公园"别墅四周景观，大树、园艺带来盎然绿意，阳光轻轻穿过枝叶洒落于宽阔的石板路上，营造出朴实清静的氛围，实在迷人。设计师主张回归纯粹，以简约自然的空间语法呼应环境，以减压放松的休闲风格，营造出顶级度假酒店的氛围，让家呈现出舒心怡人的感觉。

无缝连接的大厅与餐厅，共同享有最佳自然采光的视野景观，视线无阻，层层向外延伸；轻柔的薄纱窗帘，可保有私密性；一气呵成的空间，让新鲜的空气得以在室内流动，气动无碍，业主在家中就能感受到置身户外的轻松惬意。地铺琉璃灰石材，晶莹质感，阳光洒落其上显得典雅轻盈，与自然木质的中性色调家具，共同塑造出简洁而不失个性的特色。手工纺织而成的短羊毛地毯，毛长均匀，富有弹性，柔软滑顺；两层米白粗亚麻布厚垫子相叠的三人沙发，搭配滑柔细致的皮革单椅，毗邻玻璃窗边的休憩角落，可坐或躺于其上；绿意端景前方的三对长型方灯点亮用餐区，唤醒充满人文风味的空间质感；餐桌椅展现了最质朴的生活态度，简约、素净，停伫休憩之间，带给人独特的舒适感受。

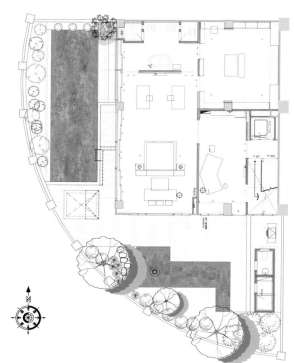

一层一卧房的主卧室，隐匿了空间轴线，格局秩序且对称，力度沉稳，中岛卧床的优雅风采很好地表现了顶级埃及棉的材质，诗韵衬饰着缎织的低调光泽。一道镂空的分界线，暂时将外面的景色隔断，经过筛光，只有光与风穿透的流动变化，阳光照射进来，室内光彩莹润，气质静秀。而当这大面积的格栅门墙大幅度地敞开时，空间气度感十足，窗外所有的绿意扑面而来，最后目光停留在充满巴厘岛风情的私人独享泳池上。

木格栅拉门兼具通透性与隐秘性，透空设计展现出轻盈的一面，木质材质散发着自然清新的气息。整个设计以简单、利落、具休闲感的和风风格为主，打造出沉静的现代禅风风格的静谧美感。

TEN YEARS

十年

项目名称：八块瓦居

设计公司：金湛设计 / 主设计师：凌志谟

项目面积：330 平方米

业主职业：金融业金领 /

年龄：50 后 /

兴趣爱好：电影、音乐 、运动、竞技 /

家庭结构： 父母与儿女 /

房屋格局：三房两厅 /

居住理念：人文主义 /

住宅主题风格：平民风格 /

业主设计要求

以生活记忆与人文历史为出发点的台湾平民风格表现生活的本质。

主要材料和工艺

水泥砂浆、

钢浪板 、大理石、

天然木皮、

黑铁折料、

镀钛金属板、钢琴烤漆。

装修预算
6 000 000
元

设计创意

这是一个以台湾平民文化为背景的设计，
平民的设计语汇及人文元素，
充分表现出乡村时代的草根文化。

设计将居住者的记忆、想念加以延伸，
设计手法以表现生活本质为背景，
力求展现出生活的原始价值，
人文记忆可以带给空间喜悦的气氛，
运用现代手法，新旧融合，
为空间赋予了生活的禅意。

空间仿佛是凝聚了时间的长轴，
让空间拥有了人的记忆。

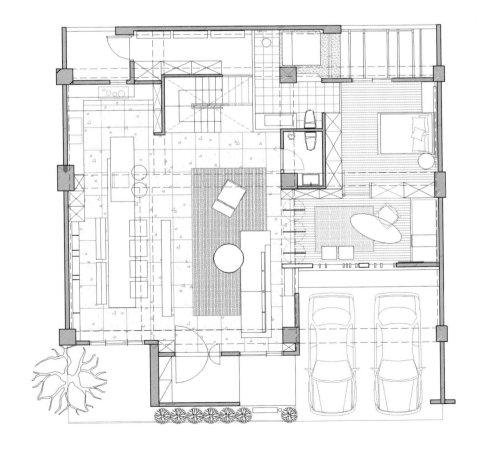

MEMORY
OF A FOREIGN
COUNTRY

异国记忆

项目名称：远雄首府

设计公司：卡亚默设计

项目面积：198 平方米

业主职业：金融业金领 /

年龄：50 后 /

兴趣爱好：电影、音乐 /

家庭结构：父母与儿女 /

居住理念：简约、时尚个性 /

住宅主题风格：人本质感 /

业主设计要求

可以彰显业主的人文层次及带来高品质生活，注重细节的生活美感。

主要材料和工艺

大理石、

柚木、

铁件。

装修预算
2 933 000
元

设计说明

时常抛开烦琐事务到不同国度，享受旅行生活的业主也希望把国外的美好记忆收藏到住所中，将旅行中的时光转化成生命中的大小陨石，如同空间形塑的动态线条，将此作为空间的回馈。从一进家门开始，线条感的光线带来视觉性的延伸，一路从玄关到各空间，如同来到另一个世界，可以让人忘记工作中的种种烦恼，这是一个愈疗之所。

OVERSEAS STYLE 海外风情

业主职业：长期旅居国外 /

年龄：50 后 /

兴趣爱好：旅游 /

家庭结构：父母与儿女 /

房屋格局：四房两厅 /

居住理念：古典风格 /

住宅主题风格：法式氛围 /

项目名称：八德路黄公馆 / 地址：中国台湾省台北市

设计公司：拾雅客设计 / 设计总监：许炜杰（Janus）

项目面积：132 平方米 / 摄影师：小雄良彦

业主设计要求

将 30 多年的老屋解构，重新思考与调整空间使用关系，打破旧有狭隘的格局，规整全新的空间脉络，淬炼出美感交织的空间概念。

主要材料和工艺

石材、

不锈钢、 铁件、

玻璃、

木皮、

壁纸。

设计说明

找到最适合的风格，是触发生活品位的美好起点，借由量身打造的空间，淬炼出颇具美感的空间概念。拾雅客设计为长期旅居国外的屋主，重新省思与调整了空间使用关系，打破了空间旧有的狭隘的格局，将30多年的老屋解构，规整出全新的空间脉络；彻底执行基本工程的施作，将地板、墙面与老旧管线等一次更新。

待机能性与生活空间规划的问题解决之后，下个阶段就是注入屋主所喜爱的法式氛围，这也是最能体现屋主品位与审美的环节。设计师精心打造出雅致的空间，如以圆形欧式线板谱写顶棚的视觉之美；优美造型的花卉壁纸，"飘散"在主卧墙面上，让空间油然弹奏出曼妙的乐章，缔造出尊贵的气质。

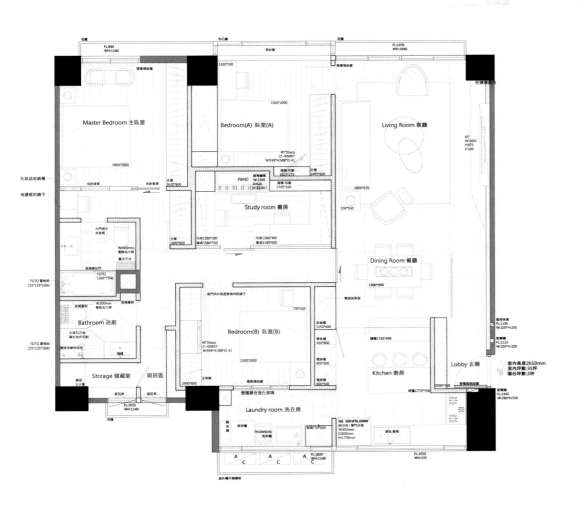

鸣 谢

张凯

惹雅设计 设计师。
2014 第九届北京中国建筑装饰协会最具创新设计机构大奖
2014 "LOFT27" 荣获中国室内设计金堂奖 —— 年度优异住宅公寓空间奖
2014 "时尚之悦" 荣获中国室内设计金堂奖 —— 年度优异住宅公寓空间奖
2014 受邀聘任为亚洲大学空间设计讲师 —— 居家空间组 & 装饰艺术组
2014 担任台北市青商会理事

唐忠汉

近境制作 设计总监
荣获 2013 年度德国 iF 传达设计奖 —— 轨迹 Tracks
获选 2012-2013 年度美国《Interior Design》国际中文版年度封面
人物
擅长风格：现代时尚风、简约机能风、自然原始风

敞居空间设计

敞居空间设计于 2011 年成立，提供商业空间及住家之室内设计与工程
管理服务。我们提供一次空间场域的探索，捕捉生活中的艺术层次面。
设计本身关乎于生活痕迹与细节，完善的空间氛围投射是与使用者契
合而自在的存在，空间的语言最后响应于业主是我们的坚持。
对于空间议题的再论述，对于空间定义的再思考，对于空间量感的再
思考，对于空间线条比重的再思考，对于空间材料质感的再思考，反
复的思考是为了解构，而解构的目的是为了重组，借由一再地思考解
构，重组出属于"空间"与"人"的最契合温度。

Interior Design
&
Decoration

林政纬

林政纬，台湾东海大学建筑学学士，美国宾州大学建筑学硕士，2008 设
立大雄设计。
担任大雄设计 Snuper Design 设计总监至今。大雄设计 Snuper Design
不停地在我们熟悉的都市环境和空间中，用设计再次创造自然，以及属于
你的个人回忆。
获奖情况：
2013 作品 "青景" 荣获 2013 第 8 届金外滩奖 —— 优秀奖

李智翔

李智翔，毕业自纽约 PRATT INSTITUTE 室内设计，2008 年成立水相
设计，擅长幽默的设计语汇与赋予空间强烈故事性，具有不按牌理出
牌的设计特征。
获奖情况：
2011 金点设计奖
2010 亚太空间设计协会 —— Excellent Award

WATERFROM
DESIGN

王胜正

毕业于逢甲大学建筑学系，1997 成立十邑设计。
获奖情况：
2014 IDA 美国国际设计大奖 —— 室内设计银奖 (Oriental Lobby)
Design Award 意大利设计大奖 —— 室内设计银奖 (POMO Lounge)
2014 A Design Award 意大利设计大奖 —— 建筑设计优奖 (Mangrove
Pavilion)
2014 上海金外滩奖 —— 景观设计优奖 (惠宇·宽心)

杨焕生 　　杨焕生建筑室内设计事务所主持人
郭士豪 　　杨焕生建筑室内设计事务所协同主持人

2012 美国室内设计中文版 2012 金外滩设计奖
2011 2011 年度 DECO TOP DESIGN AWARD

王俊宏

森境室内装修设计工程有限公司 / 王俊宏设计咨询有限公司负责人

获奖情况：

2013 21th APIDA DESIGN AWARD 亚太区室内设计大奖 —— 住宅类优胜奖

2013 百大人气设计师人气奖

2013 设计家年度风云设计师奖

2011 101 DESIGN AWARD 顶尖设计师

珥本设计

珥本设计创立于2004年，主要从事建筑室内设计，提供住宅、商业、办公空间规划整合与工程管理服务。我们的团队将业主的需求与对基地的分析相结合，提供包含动线机能规划、材质与光线的演绎、造型分割的比例、计划性照明，甚至于家具摆饰的挑选及搭配空间的形象设计等服务。期待能为业主提供专业的建议与体贴的服务，作出完美、贴心的设计方案。

拾雅客空间设计

公司名字取自"采拾风雅者"之意，意在鼓励团体中的每位成员都能在设计过程中不光满足客户的需求，更创造出无限的新意与感动。我们以丰富的专业知识为背景，为消费者提供综合性的服务；以室内空间设计为核心，扩及商务空间及建筑领域。在设计过程中我们注重引入创意家具及流行饰品，希望为消费者创造理性与感性兼备的生活空间。

谭淑静

中原大学室内设计系学士，2005至今供职于禾筑国际设计有限公司

获奖情况

2014 "建声听觉" 荣获 IAI AWARDS 亚太设计师联盟竹美奖工作空间铜奖

2014 "怡园" 荣获 IAI AWARDS 亚太设计师联盟竹美奖 居住空间优良奖

2013 大陆现代装饰国际传媒奖 —— 十大杰出设计师

隐巷设计顾问有限公司

隐巷设计顾问有限公司由3位经验丰富的设计师共同创立于2007年，2010年于中国台北成立总部，同年7月于中国山东青岛正式成立藏弄室内设计有限公司，12年与大森设计合作成立深圳分驻所，并于13年成立上海分驻所，负责中国大陆地区营运。其主要从事各类空间规划设计、家饰设计及设计顾问等工作，工作范围遍及菲律宾及中国的香港、华南、华东、华中等地。2007年始至今获得美国 INTERIOR DESIGN 金外滩奖、CIID中国室内设计学会奖等各项大奖，作品亦被多家媒体报道。

马健凯

毕业于中国科技大学建筑设计系，现任界阳＆大司室内设计设计总监，规划设计风格（界阳）黑白时尚前卫、（大司）自然人文典雅

获奖情况：

2013 荣获第三届幸福空间亚洲设计奖 —— "乡村休闲组" 杰出设计奖

2013 荣获 "全球先锋设计大奖住宅类" 金奖

2012 荣获第二届幸福空间亚洲设计奖 —— "现代时尚组" 金奖

2012 IIDA 世界设计大奖（住宅类） —— 银奖

2012 第四届好宅配大金设计大赏 —— 最佳人气奖

邵唯晏

邵唯晏现任 "竹工凡木设计研究室" 台北总部主持人，也为北京及西安分部之设计总监，另外任教于台湾中原大学建筑系及室设系（毕业指导），专长为空间设计与电脑辅助设计（CAD/CAM）整合，关注世界设计脉动，并强调设计实务与学术研究并行的重要性，目前也为台湾交通大学建筑博士候选人。

获奖情况：

2012 金点设计奖 (Golden Pin Award) 入围

2009 获选 La Vie 杂志台湾 100 大设计

2009 TID Award 新锐奖及 2010TID Award 金奖

2008 国际远东数位建筑奖 FEIDAD Award TOP5

2006 荣获国家建筑金质奖设计新人奖

凌志谟

2007 年 成立金湛空间设计研究室

2012 年 获 TID 居住空间奖

林文学

林文学（Man Lam）先生为香港室内设计协会会员，于室内设计方面拥有逾十年的经验。由林先生创立的林文学室内设计有限公司旗下拥有 MAN LAM INTERIORS DESIGN LTD 及 HOME INTERIOR'S LTD 两家公司。

作为公司首席设计总监，凭借丰富的创作经验及对客户需求与品位的准确把握，多年来林先生创作了无数风格各异及独具特色的设计作品，为公司赢得了广泛赞誉及信赖。林先生的设计作品得到香港各大电视台、报纸及国内外杂志的一致肯定并受到推荐。

2011 年林先生荣膺当年"全球华商领袖（北京）峰会暨中国企业创新优秀人物"称号。

诺禾空间设计有限公司

NOiR 在法文的意思里代表"黑"，表达了对"简洁"与"深沉"的偏好，也表现了我们擅长呈现设计的深度与质感，精准地传达了设计的内在精神。我们是说书人，以设计诉说故事；我们是魔术师，用设计打造独特的感受；我们是偏执狂，谨慎地处理每个细节。

我们设计体验，也请您体验设计。

亞卡默設計
AKUMA DESIGN

亚卡默集团

亚卡默，提供独特的全方位设计的复合式设计集团。不同领域的专业艺术家和设计师所组成的亚卡默设计擅长于集合各专业领域的差异点来激荡出更宽广、更具优势的解决方案，同时展现其独特的风格。

从空间、数字视觉设计到多媒体及网页设计，在艺术与设计的领域中，亚卡默用最尖端的技术、最好的质量服务客户。

十艺公司

因为热爱，因为关心，一群执著的志同道合的人想对建筑与室内居住环境做出一些贡献。这些人于 2006 年离开自己原来的工作岗位，开始组建十艺建筑公司。我们中有的专长建筑规划，有的擅长室内设计，有的熟悉工务，有的整合美学，虽然专业不同，但我们对建筑及设计的本质和要求有着共同的期许。摒除不必要的干扰，让设计回归构想的原点，真实地反映业主的需求，满足每位业主对生活的渴望。

特别感谢以上设计师与设计公司的一贯支持，并为本书提供优秀的作品。
如有任何疑问或建议请联系：2823465901@qq.com
QQ：2823465901
www.hkaspress.com

图书在版编目(CIP)数据

台式新简约. II / 先锋空间编. — 武汉 ：华中科技大学出版社，2017.1
ISBN 978-7-5680-2019-0

Ⅰ．①台… Ⅱ．①先… Ⅲ．①住宅—室内装修 Ⅳ．①TU767

中国版本图书馆CIP数据核字(2016)第155696号

台式新简约. II

TAISHI XINJIANYUE. II

先锋空间 编

出版发行：华中科技大学出版社（中国·武汉）

地　　址：武汉市武昌珞喻路1037号（邮编：430074）

出 版 人：阮海洪

责任编辑：杨　淼　　　　　　　　　　　责任监印：秦　英

责任校对：赵爱华　　　　　　　　　　　装帧设计：欧阳诗汝

印　　刷：深圳市雅佳图印刷有限公司

开　　本：889 mm×1194 mm　　1/12

印　　张：29

字　　数：31.3千字

版　　次：2017年1月第1版第2次印刷

定　　价：488.00元

发　　行：广州百翊文化传播有限公司

Q　　Q：382722698

如有质量问题请联系印刷厂调换。